青少年自然科普丛书

江河博览

方国荣　主编

台海出版社

图书在版编目（CIP）数据

江河博览 / 方国荣主编. —北京：台海出版社，
2013. 7
（大自然科普丛书）
ISBN 978-7-5168-0195-6

Ⅰ．①江…Ⅲ．①方…Ⅲ．①河流—世界—青年读物
②河流—世界—少年读物 Ⅳ．①P941.77-49

中国版本图书馆CIP数据核字（2013）第130484号

江河博览

主　　编：方国荣

责任编辑：王　萍
装帧设计：视界创意 TEL:13366802940A　　　版式设计：钟雪亮
责任校对：阮婕好　　　　　　　　　责任印制：蔡　旭

出版发行：台海出版社
地　　址：北京市朝阳区劲松南路1号，　　邮政编码：　100021
电　　话：010－64041652（发行，邮购）
传　　真：010－84045799（总编室）
网　　址：www.taimeng.org.cn/thcbs/default.htm
E-mail：thcbs@126.com

经　　销：全国各地新华书店
印　　刷：北京一鑫印务有限公司
本书如有破损、缺页、装订错误，请与本社联系调换

开　　本：710×1000　　　1/16
字　　数：173千字　　　　　　　　印　　张：11
版　　次：2013年7月第1版　　　　印　　次：2021年6月第3次印刷
书　　号：ISBN 978-7-5168-0195-6

定价：28.00元

目录 **MU LU**

青少年自然科普丛书

qingshaonianzirankepucongshu

江河博览

我们只有一个地球

方国荣

巨人安泰是古希腊神话中一个战无不胜的英雄，他是人类征服自然的力量象征。

然而，作为海神波塞冬和地神盖娅的儿子，安泰战无不胜的秘诀在于：只要他不离开大地——母亲，他就能汲取无尽的能量而所向无敌。

安泰的秘密被另一位英雄赫拉克勒斯察觉了。赫拉克勒斯将他举离地面时，安泰失去了母亲的庇护，立刻变得软弱无力，最终走向失败和灭亡。

安泰是人类的象征，地球是母亲的象征。人类离不开地球，就如鱼儿离不开水一样。

人类所生存的地球，是由土地、空气、水、动植物和微生物组成的自然世界。这个世界比人类出现要早几十亿年，人类后来成为其中的一个组成部分；并通过文明进程征服了自然世界，成为自然的主人。

近代工业化创造了人类的高度物质文明。然而，安泰的悲剧又出现了：工业污染，动物濒灭，森林砍伐，水土流失，人口倍增，资源贫竭，粮食危机……地球母亲不堪重负，人类的生存环境遭到人类自身严重的破坏。

人类曾努力依靠文明来摆脱对地球母亲的依赖。人造卫星、航天飞机上天，使向月亮和其他星球"移民"成为可能；对宇宙的探索和征服使人类能够寻找除地球以外的生存空间，几千年的神话开始走向现实。

然而，对于广袤无际的宇宙和大自然来说，智慧的人类家族仍然是幼稚的——人类五千年的文明成果对宇宙时空来说只是沧海一粟。任何成功的旅程都始于足下——人类仍然无法脱离大地母亲的庇护。

美国科学家通过"生物圈二号"的实验企图建立起一个模拟地球生态的人工生物圈，使脱离地球后的人类能到宇宙中去生存。然而，美好理想失败了，就目前的人类科技而言，地球生物圈无法人工再造。

英雄失败后最大的收获是"反思"。舍近求远不是唯一的出路，我们何不珍惜我们现在的生存空间，爱我地球、爱我母亲、爱我大自然，使她变得更美丽呢？

这使人类更清晰地认识到：人类虽然主宰着地球，同时更依赖着地球与地球万物的共存；如果人类破坏了大自然的生态平衡，将会受到大自然的惩罚。

青少年是明天的主人、世界的主人，21世纪是科学、文明、人与自然取得和谐平衡的世纪。保护自然、保护环境、保护人类家园是每个青少年义不容辞的职责。

"青少年自然科普丛书"是一套引人入胜的自然百科和环境保护读物，融知识性和趣味性于一炉。你将随着这套丛书遨游太空和地球，遨游海洋和山川，遨游动物天地和植物世界；大至无际的天体，小至微观的细菌——使你从中学到丰富的自然常识、生态环境知识；使你了解人与自然的关系，建立起环境保护的意识，从而激发起你对大自然、对人类本身的进一步关心。

◎ 母亲的河 ◎

　　黄河、长江、黑龙江、乌苏里江、雅鲁藏布江、珠江……东西南北中，一条条中华民族的母亲之河，是千百年来哺育中华民族代代生息的甘泉。

　　鱼儿离不开水，花草树木离不开水，我们更离不开母亲的乳汁，爱我们的母亲，珍惜我们的母亲河吧……

中华民族之源——黄河

黄河是中华民族的摇篮，是中华民族的国魂，也是中国古代文明史的主要发祥地。

古代黄河流域的自然环境是优越的。那时的黄河流域气候湿润，土地肥沃，青山绿野，给原始人类生活提供了极大的方便条件。这方沃土，可以从事放牧和耕种。黄土高原地区还易挖穴构屋，冬暖夏凉，十分利于原始先人定居生活，促成聚落，发展人类文明。黄河及其支流不仅为中国古代人提供了灌溉之便，还提供了交通之便。这一切加速了黄河中下游的经济开发，人口增加，政治、文化发展，促使中华民族历史逐渐形成。

20世纪60年代，考古工作者在古城西安市东南蓝田县黄土中发现了"蓝田猿人"的头盖骨，证明了早在百万年前就有人类在黄河流域生存活动。在山西、内蒙古等地先后发现了旧石器时代中期的"丁村人"文化，旧石器时代晚期的"河套人"和"大荔人"文化。这些旧石器时代的原始人类，早就在黄河流域的黄土高原上面朝黄土背朝天地耕织。在河南省渑池县仰韶村黄土地上出土的五六千年前的黄帝族使用的彩陶产生于新石器时代中期，这就是象征中国文化最初曙光的"仰韶文化"。

河南省安阳小屯村的殷墟发掘出3000年前的宫室遗址，其中有大量精美的青铜器、玉石器、牙雕和10多万片甲骨书契。殷商王朝已成为世界古代三大文化中心之一，与古埃及、巴比伦是同时期的三大古代帝国。

现在的黄河中下游的许多城市：咸阳、西安、洛阳、郑州、安阳、开封、商丘等地都是古代中国的政治、经济、文化和交通中心。

黄河数千年来以自己甘美的乳汁孕育了无数杰出的英才，陶冶了许许多多的文坛巨匠。中国伟大的诗人李白曾有"黄河之水天上来"的千古绝句。

黄河两岸的中华民族，自古以来就以其勤劳、勇敢以及聪明才智为炎黄子孙留下了极其珍贵的文化遗产。那浩繁、卓著的经典著作，那坚实耐用、具有美丽的花纹图案的陶器等技艺高超的文物，那具有悠久历史的古代建筑，如西安的大雁塔、秦始皇的兵马俑、开封的铁塔、洛阳的龙门石窟等，它们不仅当时举世罕见，也是当今世界之珍奇。

从"塞外江南"到黄泛成灾

黄河是中国的第二条大河。它的源头碧清如镜，但它的中游因流经黄土高原，支流无定河、沁河、渭河等挟带了大量的黄色泥沙汇入，使水浊色黄，得名为黄河。

黄河从古到今流淌了50~60万年，穿过黄土高原，每年从中游挟带16亿吨黄沙泥土，输送到东部渤海边上，以每年增添50多平方公里的速度在扩展着中国的大陆版图。

黄河，源自青海省巴颜喀拉山北麓的约古宗列盆地，即星宿海西南的卡日曲河为黄河的源头。黄河起步于涓涓细流，沿途接纳了洮河、湟水、无定河、汾河、渭河、洛河、沁河等40多条主要支流。

千万条溪川，形成年均水流量480亿立方米的滚滚强流。流经青海、四川、甘肃、宁夏、内蒙古、陕西、山西、河南、山东等九省区，浩浩荡荡奔流向东，流域面积752443平方公里，流域内有3亿多亩耕地。

黄河沿途有风光奇丽的峻岭高山，有广阔肥美的沃土，还有丰富的宝藏，以及历史悠久的文明古都。黄河以全长5464公里的历程在山东省垦利县注入浩瀚的渤海。

黄河源头至内蒙古自治区的托克托为上游。细流通过星宿海东行流入黄河流域两个最大的淡水湖：扎陵湖和鄂陵湖。

鄂陵湖以下在青海的东南部、四川和甘肃两省交界之处，河道显示为"S"形大转折。再穿过青海东部共和、贵南两县之间的龙羊峡之后，由高原直泻奔流而下，流入峡谷段。这一段峡谷很多，著名的有龙羊峡、刘家峡、黑山峡和青铜峡等。

峡谷与川地相间，河道也随之由窄变宽，途中有湟水、洮河水流入，水量和含沙量大增。河水出青铜峡后折转东北方向，进入银川平原和河套平原两个"塞外江南"的引黄灌区。

黄河中游段从托克托到河南郑州附近处的桃花峪。在这段，黄河急转南下，奔流穿行在山西省和陕西省交界的山谷中。

两岸为黄土高原，河槽深，无定河急流而入，带来大量的泥沙，促成水中含沙量再次剧增。壶口、龙门以南河谷比较开阔，汾河与渭河先后流入，黄河出潼关穿峡谷激流前行。这里有著名的三门峡。

下游从桃花峪东流，进入黄淮海大平原，经过河南省北折向东北入海，下游河段也被称之为举世闻名的"地上河"。

黄河每年的16亿吨泥沙有4亿吨堆积于此，近800公里的河道平坦、宽广，水流平缓，泥沙沉积后，河床逐年增高，现已高出堤外两岸平原3.5米，有的竟高达10米。黄河泛滥，决口也主要是在这段。

黄河最后一个峡谷是豫西峡谷，黄河水至此地继续奔腾向前，在陕县以东突然遇到两座石岛兀立河心，与南北两岸相钳的山峡对峙，形成三个狭窄的水门。河流在它们中间过，又顺流东行，这就是著名的三门峡。

黄河曾被称为"孽河"，据考证，公元前602年至解放前的2000多年中，黄河决堤泛滥达到1500多次，历史上有黄河"三年两决口"之说。

新中国成立后，人民政府采取两个根本措施。

一是治理洪灾，在下游修堤束水：修整加固主堤，形成"水上长城"。还修建了第一座引黄灌溉工程：人民胜利渠。

二是开发水力，在急流峡谷的中上游建立了一系列的水电工程。自1949年以来，黄河曾有10次洪水的威胁，但未成灾，基本上改变了"三年两决"的局面。

黄河两岸名城多，中国六大古都有一半在黄河的中下游。另外还有丝绸之路重镇兰州，著名的交通枢纽——京广、陇海铁路交汇点郑州，山东省会泉城济南。

黄河两岸的人民正用自己勤劳的双手不断开发、改造黄河，建设家园，发展自己的民族经济，黄河流域的前景无比广阔。

中国河流之最——长江

　　万里长江像一条矫健苍龙，横卧在中国的中部，伸展于崇山峻岭之中，直泻东海。万里长江是我们中华民族的象征，它源远流长，雄伟壮丽，无论是长度、水量，还是流域面积，在中国河流中都雄踞首位，是中国第一大河，世界第三大河，仅次于南美洲的亚马孙河与非洲的尼罗河。

　　长江全长6380公里，流域180多万平方公里。它发源于中国青海省唐古拉山山脉的主峰各拉丹冬雪山的西南侧，正源是沱沱河。长江一路向东奔流，盘旋于巍峨的雪山峻岭之间，翻滚于高峡深谷之中，以雷霆万钧之势，一泻千里，浩浩荡荡地流入东海中。

　　各拉丹冬雪山群峰耸峙，气象万千，近观就像玉雕的尖塔，直插云天。近20座海拔6000米以上的雪峰，千百年来积聚的冰川融水，保证了长江水源的充沛，而冰川本身就是长江最初的水源。在世界著名的河流中，唯有长江的源头是如此波澜壮阔的冰川河。

　　长江干流各段有不同的名称：从源头至巴唐河口，称通天河，长1188公里；出巴塘河口至宜宾，称金沙江，长2308公里；在宜宾接纳岷江后，开始称长江。其中，宜宾至宜昌段，又称"川江"；湖北枝城至湖南城陵矶段，又称"荆江"；江苏仪征、扬州附近江段，又称"扬子江"。

　　长江支流众多，大小支流多达10000条以上，集水面积达1000平方公里以上的支流共有437条。其中，嘉陵江、雅砻江、岷江、汉水、大渡河、乌江、湘江、沅江和赣江都是著名的大支流。

劈开崇山峻岭的金沙江

横贯东西的长江干流按照水文、地貌特征可以分为上、中、下游三段：从源头到宜昌为上游；宜昌至鄱阳湖湖口为中游；湖口以东为下游。

从源头起，沱沱河下流与当曲会合后流入通天河。通天河在青海省玉树县境内，流程共800多公里。它经过巴塘河口后折向南流，进入四川和西藏交界的高山峡谷，称为金沙江。

金沙江两岸山高谷深，与平静的通天河不同，它显得格外刚毅豪放。金沙江水在群山丛岭中呼啸奔腾，汹涌的江水就像深嵌在巨斧劈开的狭缝里，真是仰望山接天，俯看江如线。

金沙江和相邻的澜沧江、怒江平行南流，把这里的高原切割成许多平行的峡谷，形如锯齿，这就是中国著名的横断山区。当3条江流经云南西北部的丽江石鼓镇时，金沙江突然与怒江、澜沧江分道扬镳，拐了一个大弯，形成了奇特的"长江第一湾"。闻名的虎跳峡就在这个湾内。虎跳峡两岸哈巴雪山和玉龙雪山夹江对峙，白雪皑皑的山峰高出于河谷3000多米，谷壁如斧砍刀削。奔腾的江水拍打着悬崖峭壁，冲击着江中乱石暗礁，汹涌澎湃，甚是壮观。

金沙江流域大部分都是山区，平原很少，但景色十分秀美。它的地下还蕴藏着各种各样的矿藏，尤其四川和云南交界的攀枝花，成了冶炼高级合金钢的得天独厚的地方。金沙江的落差有3300米，水力蕴藏量非常丰富，许多河段都可以建造大型的水电站。

峰回水转的长江三峡

金沙江越过横断山区的崇山峻岭，进入四川盆地，在宜宾与岷江会师，一道汇入浩浩荡荡的长江。由于流经四川盆地，先后接纳了岷江、沱江、嘉陵江和乌江等几大支流以后，水量骤然增加。到了四川盆地以东的奉节县，巍峨的巫山山脉横亘在前，似乎要挡住它的去路。但是，长江以它气吞山河、不可阻挡的气势，劈开崇山峻岭，夺路东下，形成了一条壮丽奇特的大峡谷，这就是举世闻名的长江三峡。

长江三峡是瞿塘峡、巫峡和西陵峡的总称。它西起重庆奉节的白帝城，东到湖北宜昌的南津关。全长约200公里，这一段长江又叫峡江，是万里长江的"川鄂咽喉"。

从白帝城向东，便进入了雄伟险峻的瞿塘峡。它全长8公里，是三峡中距离最短而气势最雄伟的一段峡谷。长江流进瞿塘峡，两岸悬崖壁立，犹如两扇大门，右岸山岩上刻有"夔门天下雄"五个大字，形容瞿塘峡的险峻、雄伟。江面最宽处不过150米，最窄处不到100米，而两岸山头海拔多在1万米以上。船行峡中，只见高山夹峙，危崖高耸，仰望高空，云天一线；俯瞰江面，骇浪翻滚，真有峰与天连接，舟从地窟行的意境。

出瞿塘峡25公里，便是幽深秀丽的巫峡。它绵延45公里而不间断，是三峡中最完整的一段峡谷。这里奇峰如屏，群峰相映，海拔多在1000米以上，船在弯弯曲曲的巫峡中穿行，时而大山当前疑无路，忽又峰回水转别有天。由石灰岩组成的巫山十二峰，高出江面千米以上，矗立于大江南北，千姿百态，引人入胜。人们按照山峰的不同形态，分别给它们取了形象化的名字。

出巫峡东口45公里，便进入长约75公里的西陵峡，它分东西两段。西陵峡滩多水急，著名的青滩和崆岭滩均在峡中；江流汹涌，惊险万状，是航行上的极大障碍。在西陵峡东段，长江穿过一个长约24公里的峡谷，便是三峡最东面的瓶口——南津关。出了南津关，江面骤然展宽，有名的葛洲坝就屹立在这里。

长江中下游"黄金水道"

长江出宜昌，江面豁然开阔，进入了中游。长江中游水流缓慢，湖泊密布，江湖相通，北纳汉江，南有湘、澧诸水注入洞庭湖，赣、抚、修诸水汇流鄱阳湖。鄱阳、洞庭两湖是中国最大的两个淡水湖，是长江中游的两个天然水库，对长江洪水起着调节作用。

长江过三峡进入中游以后，它的景色就和上游迥然不同了，再也看不到激流险滩、绝壁峡谷。呈现在眼前的是坦荡的大平原，秀丽的湖光山色。著名的庐山耸峙江边，谷深峰陡，显得格外雄伟。

从鄱阳湖口以下，长江水流折向东北，进入了下游河段。下游江面宽阔、水流平稳、水量丰富，两岸是富饶的苏皖平原和长江三角洲平原。黄河夺淮后，淮河失去了入海口，便穿过洪泽湖在扬州附近进入长江。长江在上海市接纳了最后一条支流黄浦江，完成了它的万里流程，绕过崇明岛，分南北两道，涌入烟波浩瀚的大海。

长江三角洲以镇江为顶点，向东北、东南方向散开，东至东海、黄海，北通扬州运河，南抵杭州湾，呈一扇形，地跨江、浙两省和上海市，面积5万多平方公里。

滔滔长江从镇江东流横贯三角洲，自江阳以下江面开朗宽阔，到南通江面宽达18公里，而到长江入海口附近竟宽90公里，形成一个巨大的喇叭口，从江阴到长江入海口这一河段又称长江河口段。

长江三角洲素有"鱼米之乡"之称。这里湖泊星罗棋布，水道纵横，中国的第三大淡水湖太湖就在其中。太湖风景秀丽，其周围有大小湖泊250多个。整个三角洲地区雨量充沛，气候温和，土壤肥沃，物产极为丰富，是中国重要的工农业生产基地。

长江干流流经青海、西藏、四川、云南、重庆、湖北、湖南、江西、安徽、江苏、上海11个省、市、自治区。长江流域跨19个省、市、自治区，面积约占全国总面积的1/5。

长江干流自古以来就是中国东西航运的大动脉，水量丰富，航道终年不冻。它的干支流航道总长8万多公里，形成了一个西通川黔、东出海洋、北及豫陕、南达桂粤的纵横水网，对发展航运事业十分有利。长江水运量占全国内河运输量的8/10，而且长江干流与海洋相通，江海联运，不仅便利了长江流域与中国沿海各地的交往，而且也密切了与海外的联系，长江被誉为"黄金水道"。

长江的水能资源极为丰富，干流从源头至江口的总落差达6600米以上，水力资源约占全国的40%左右，充沛的水量和巨大的落差使它蕴藏着极为丰富的水力资源。据推算，整个长江水力蕴藏量达2.6亿千瓦，约占全国水力蕴藏量的2/5，在世界大河中居第三位。新中国成立后，在丰富水力资源的基础上，先后建成2万多座大、中、小型水电站，有力地促进了全流域工农业生产的发展。

长江流域湖泊众多，在平原地区和高原山地均有分布，平原地区的湖泊都是淡水湖，总面积约2.2万平方公里。全国四大淡水湖长江流域就占三个：鄱阳湖、洞庭湖及太湖。

资源丰富的长江流域

长江横贯中华大地，日夜奔腾不息，迄今大约有两亿多岁了。它是中华民族的摇篮，中国古文化的发祥地。早在旧石器时代，中华民族的祖先就在长江流域劳动生息。在云南元谋发现的元谋猿人是迄今为止中国发现最早的属于"猿人"阶段的人类化石，是长江流域人类活动悠久历史的有力证明。

考古学家在长江上下游还发现不少地方仍留有中华民族童年的遗迹。如在长江上、中游地区，就有云南"丽江人"、四川"资阳人"、湖北"长阳人"的化石和石器。这些属于旧石器时代中、晚期的人类遗迹距今亦有十几万年至一万多年了。

20世纪70年代在江西清江美城和湖北黄陂盘龙城两处发现的商代遗址，证实了这里至少在3000年以前已经发展了和黄河流域的中原地区基本相同的文化。

在距今4000至6000年间，长江中游地区的原始人已经创造出较高水平的原始社会文化。

长江陶冶了许许多多各领风骚的文坛巨匠，在中国文学发展史上占尽了风流。春秋时期的庄周和屈原，他们都是荆楚文化的肥沃土壤培育出来的，对后世产生了深远的影响。东晋的陶渊明，唐代的李白，宋时的苏轼等，也都是长江造就出来的。李白一生的足迹遍及长江上、中、下游，他一生写下了很多首歌咏长江的佳作，

辽阔的长江流域，资源极为丰富，多少世纪以来，人们一直赞誉长江流域的四川盆地是"天府之国"，两湖地区是"鱼米之乡"，太湖地区是"人间天堂"。

长江广阔的江河湖沼是中国的天然鱼仓，长江流域内地下宝藏也

很丰富。长江就像一根银线串珍珠，把干支流上几十个名城重镇紧紧连结在一起。

今日长江，以上海为中心的长江三角洲经济区，武汉为中心的华中经济区和重庆为中心的西南经济区，正横贯东西带动南北，形成一个使国民经济早日走向世界先进行列的战略基地。

壮丽富饶的长江是中国人民的骄傲，它将永远哺育着中国的大地。

"四渎"之一的淮河

淮河是我国一条古老的大河，在我国古籍中把它和长江、黄河、海河并列为四渎之一。它和海河一样，也深受黄河泛滥、改道之害，被打乱了归宿。

淮河与秦岭相接，成为我国地理上一条重要的分界线，即亚热带湿润区和暖温带半湿润区的分界线。在这条界线的南北，年降水量、植物的生长都有明显不同。

淮河干流发源于河南、湖北两省交界的桐柏山区。干流全长845公里，由蚌埠水文站测定的多年平均径流量257亿立方米，约为黄河的一半，流域面积18万多平方公里。

淮河从源头到安徽、河南两省交界处淮滨以东的洪河口，称为淮河上游；从洪河口到江苏洪泽湖的出口处，称淮河中游；从洪泽湖出口处至扬州市东南三江营入江口称为下游。

淮河本来在苏北淮阴东北滨海流进黄河，是一条驯服的河流。后来由于黄河决口，改道南流，侵夺了淮河的流路，携带的泥沙淤塞了淮河河道，因而打乱了淮河水系，使淮河泛滥成灾，不得不改道南流。它经洪泽湖、高邮湖、邵伯湖和大运河，流入长江，借长江河道归入海，成了长江的一条支流（有一部分水流经苏北灌溉总渠在扁担港入黄海）。这种被外来水挤压，闯入别的河道归海的现象非常罕见。

淮河有洪河、颍河、西淝河、涡河、濉河、史灌河、澧河、池河、东淝河等10多条较大的支流和许多条小支流汇入。其北岸的支流均比较长，南岸的支流都比较短，成为不对称的羽状水系。

洪河发源于河南方城县东南，先向北流再转向南流，流至新蔡东面三岔口与南汝河汇合，继续向东流进淮河，全长312公里。

颍水是淮河最大的支流，它渊远流长，上游支流众多。在周口市以上有三源，主流发源于中岳嵩山西南面，北源贾鲁河发源于荥阳与密县交界的大周山，南源沙河发源于鲁山县西的石人山。

贾鲁河在郑州以北一段靠近黄河南堤，黄河南堤决口常借贾鲁河的河道南流入淮，成了黄水侵淮的重要路线。三源在周口汇合后向东南流经阜阳，在正阳关以下汇入淮河，全长619公里。

西淝河发源于河南鹿邑县西北，上游称清水河，流至安徽凤台县峡山口与干流汇合，行程265公里。

涡河源出于河南开封西，流经朱仙镇、太康县、鹿邑县之后进入安徽境内，至亳县汇合惠济河，过涡阳、蒙城，最后在怀远县城东面流入淮河，全长382公里。

北淝河发源于安徽省涡阳县的西北郊，向东南流经蒙城、怀远，在蚌埠市以东的沫河口汇入淮河。以上均是北岸汇入的支流。

淮河南岸的支流有：史灌河，是由发源于大别山的灌河、史河两条河流汇合而成的，在安徽、河南交界的三角地带三河尖注入淮河。

淠河发源于安徽岳西县大别山东段，流经霍山县、六安县，在寿县正阳关进入淮河，长248公里。

东淝河发源于肥西县大潜山北麓，下游注入瓦埠湖，在八公山进入淮河。公元383年，东晋谢玄战胜前秦苻坚有名的淝水之战就发生在这里，成为古代战争以少胜多的光辉战例之一。

"北国蛟龙"——黑龙江

黑龙江是一条国际性的河流，它流经中国、俄罗斯、蒙古三国。黑龙江流经的地区，植被良好，两岸为黑色土壤，江水显出黝黑的色泽，其流路蜿蜒如游龙，故而得名黑龙江。

黑龙江源头有两支，北源为发源于蒙古人民共和国肯特山脉东麓的石勒喀河（上源为鄂嫩河），南源为发源于中国大兴安岭西坡的海拉尔河，往下为额尔纳河。

额尔纳河上源本来还有一条发源于蒙古人民共和国境内的克鲁伦河，下游流进呼伦湖，再流向额尔古纳河。后来，呼伦湖的出口被泥沙淤塞后，便与额尔纳河分离了，这样克鲁伦河也变成了内流河。石勒喀河与额尔古纳河在内蒙古自治区的恩和哈达附近汇合，以下便正式称为黑龙江。

黑龙江从西向东流经中国和俄罗斯边境，从南北源汇合点起，到俄罗斯哈巴罗夫斯克（伯力）黑龙江与乌苏里江汇合点止，为两国界河。从南北源汇合点至黑河市称为黑龙江上游，黑河市到乌苏里江称为中游，乌苏里江口以下为下游，往北流入俄罗斯境内注入鄂霍次克海的鞑靼海峡。

以海拉尔河为源，黑龙江全长4370公里，其中海拉尔河长622公里，额尔古纳河长898公里。黑龙江上游长900公里，中游长1000公里，下游长950公里，流域面积184.3平方公里。

黑龙江南北二源汇合后，江水在狭窄的山谷中流动，两岸遍布森林，河道蜿蜒曲折，右岸多险峻悬崖，逼临河岸，左岸则比较平缓。在漠河镇附近，河窄滩多，水流湍急。至额木尔河汇合后，两岸虽然仍属山区，但河道已较宽阔。再往下流，有些地段形成网状水道，河

17

中间有不少长满植物的小岛。

左岸俄罗斯的结雅河汇入后，河道宽度和水量差不多增加了一倍，河流两旁形成一连串的阶地，河道中出现许多岛屿群。

布列亚河口以下，水流穿过小兴安岭，河谷变窄，河水在高而陡的河岸夹峙下急速流动，河底岩礁众多，涡流现象甚为显著。出山后，逐渐进入平原地区，两岸低矮平缓，河床宽展，水流变缓，河里出现许多岛屿状沙洲。及至松花江汇入后，河道进一步展宽。

黑龙江流域接近号称世界寒极的西伯利亚，是我国最寒冷的一个地区。每年10月初开始降雪，一般在10月下旬江中就出现流冰，然后冰块逐渐加大加厚，约半个月全河封冻，江水在冰层下缓慢流动，河面、地面连成一片，马拉扒犁（雪橇）可以随处疾驰。在严寒的时候，江中可以行驶汽车。每年冰封期长达6个月，至次年4、5月间才解冻开河。由于黑龙江下游流向偏北，愈往下游愈冷，早封冻、晚开冻，所以每年也像黄河一样出现冰汛。

美丽的黑龙江本来是我国内河。19世纪中期，沙俄政府以武力迫使腐败的清政府先后签定了《中俄瑷珲条约》和《中俄北京条约》，强行占领黑龙江以北、外兴安岭以南和乌苏里江以东的100多平方公里的我国领土，从此以后黑龙江及其支流乌苏里江才成为中俄两国的界河。

黑龙江在南侧中国境内重要的支流有呼玛河、松花江、乌苏里江等，在北侧俄罗斯境内有结雅河、布列亚河等。

富饶的"三江平原"

　　松花江是黑龙江最大的支流，全长1927公里，流域面积54.5万平方公里，占东北地区总面积的60%。

　　松花江本身就是一条支流很多的大河。松花江有南北两源，北源为嫩江，南源为松花江正源。嫩江发源于内蒙古自治区大兴安岭的伊勒呼里山，从北往南流，全长1089公里，流域面积28万平方公里。

　　嫩江上游多险峻的高山，森林茂密，绿草如茵，沼泽很多，汇入的支流有甘河、诺敏河、讷漠尔河、绰尔河等。嫩江县以下地势渐平，再往南即进入广大的松嫩平原，形成网状水道，河道宽处可达数公里，于扶余以北汇入松花江。

　　松花江南源发源于吉林省长白山脉主峰海拔2663米的白头山天池，从天池北面缺口流出，形成飞泻的瀑布，即为松花江的源头。从南往北流，经吉林市再折向西北，与嫩江汇合。

　　在吉林市松花湖以上，松花江流经山地，两岸森林茂密，河床狭窄，水流湍急。吉林市以下，河流穿过山前丘陵地带，河谷展宽，水流渐缓，到五家站即进入松嫩平原，沿岸多曲流、分汊、浅滩和湖泊，江面宽阔达800米。

　　嫩江汇入后的松花江干流，折向东北流，沿途接纳拉林河、呼兰河、牡丹江、汤旺河等支流，流经哈尔滨、佳木斯，于同江县以北注入黑龙江。

　　佳木斯以下，河道流经三江平原，沿岸是一片土地肥沃的草原，多沼泽湿地，这就是著名的"北大荒"。

　　三江平原总面积10.35万平方公里。新中国成立以来，国家在这里组织大规模的垦荒，建设了许多大型机械化农场，已开垦耕地4400

万亩，成为全国盛产小麦、大豆、玉米的重要商品粮基地之一。还有2000多万亩土地正在开发，并正在兴建排水工程，进一步改善生产条件，使其在农业方面发挥更大的作用。

松花江汇入黑龙江后，在很长一段河道内，水色北黑南黄，人们把这段黑龙江称之为"混同江"。松花江干流河槽宽而深，坡度比较平缓，水量丰富，对航行十分有利。

乌苏里江是黑龙江南侧另一条重要支流。其上游为乌拉河，发源于俄罗斯东部锡霍特山脉的西南麓，自南向北流至俄罗斯的列索扎沃茨克附近中国的泥口子处，与来源于兴凯湖的松阿察河相汇，然后向东北流。

下游分两汊，绕黑瞎子岛，分别在抚远和哈巴罗夫斯克（伯力）附近注入黑龙江。

乌苏里江在西岸我国境内注入的重要支流有穆棱河、挠力河等。乌苏里江封冻期长达6个月，冰层厚达1～1.3米，可通行各种车辆，行船期汽轮可沿河口上溯700公里。乌苏里江盛产名贵的大马哈鱼。

南国水系——珠江

珠江是我国南方最大的河流。珠江与其他河流不同，它的水系是由西江、北江和东江三条河流组成。它们没有统一的发源地，没有统一的河道，没有共同的入海口，来自东、西、北三个方向，由8条水道注入南海。

珠江以西江源头为起点，全长2197公里，流域面积45.26万平方公里。平均每年入海径流量为3412亿立方米，在全国河流中仅次于长江，而为黄河入海水量的6倍。

西江是珠江水系的主干流，全长2197公里，流域面积34.57万平方公里，占珠江全流域面积的78.4%，水量占珠江总水量的72%。西江的正源是发源云南沾益县马雄山的南盘江，于贵州省望谟县蔗香与北盘江汇合。南盘江为西江的上游，从南盘江与北盘江汇合处至广西梧州为西江的中游，各段又有不同名称：广西柳江的汇合口石龙以上称为红水河，由于这段河流流经红土地区，水色红褐而得名；石龙以下至桂平称黔江；桂平至梧州称浔江。梧州以下称西江，为西江的下游。

西江有北盘江、柳江、郁江、桂江、贺江五大支流。北盘江长327公里，主要流经石灰岩地区，河谷深切，有些河段只见一条深切山谷的石槽。其支流有许多暗河和跌水，全国最大的瀑布——黄果树大瀑布就在北盘江支流打帮河上。北盘江沿岸多木棉树，每当春天火红的木棉花盛开的时候，映照河谷，灿烂夺目。

柳江上源出贵州独山县，东流入广西境称融江，南流到柳城以下称柳江，在石龙以南从北岸注入红水河，全长730公里，为西江的第二大支流。

西江最大的支流是南岸的郁江，长1162公里，流域面积9.07万平方公里。郁江上游分左江和右江两源：右江发源于云南省东南部广南县，左江发源于越南。左右江于南宁市以西汇合后称为邕江，横县以下又名郁江。桂江上游为漓江，是全国有名的风景区，它发源于桂北越城岭的苗儿山，西南流经桂林、阴朔、平乐、昭平，于梧州市流进西江，全长467公里。

桂江几乎全部流经石灰岩地区，所以形成"山峰秀，岩洞奇，石头美，江水清"的特色，自古有"桂林山水甲天下，阴朔山水甲桂林"的美称。

距今2000多年秦朝大将史禄开凿的兴安运河（灵渠），使湘江上游与漓江相通，从而沟通了长江水系和珠江水系。贺江发源于桂北富川县，向南流经贺县，于封开县注入西江，全长346公里。

北江，发源于南岭山地，上游有两支：东支浈水源出江西省信丰县大石山，西支武水源出湖南省临武县西，浈、武两水在广东韶关市汇合后始称北江。北江南流经英德、清远县等，至三水县与西江汇合，全长468公里，流域面积3.83万平方公里，占珠江流域面积的10.3%。它是珠江"三姊妹"中最小的一个。北江的主要支流有滃江、连江、绥江。北江上游流经红色砂岩分布地区，这些坚实的红色砂岩被水流切割后，常常形成陡峭的山峰，色丹如霞，壁立如削，以仁化县的丹霞山最为典型，因此称为"丹霞地貌"。

东江，上源出江西省安远、寻乌一带，西源称定南水，东源称寻乌水。流入广东后汇进枫树坝水库，向南流，经龙川、河源、惠阳、石龙等地，最后从虎门单独入海。它全长523公里，流域面积2.53万平方公里，占全珠江流域面积7.8%。其主要支流有新丰江、西枝江、增江等。

西去界河——鸭绿江

鸭绿江是中、朝两国界河，发源于吉林省东南中朝边境白头山天池的南侧，干流自东北向西南流，经吉林、辽宁两省和朝鲜的两江道、慈江道、平安北道，最后在丹东市西南注入黄海，全长795公里，流域面积6.37万平方公里。

鸭绿江主要支流在我国一侧有浑江、蒲石河、瑷河等，朝鲜一侧有虚川江、长津江、忠满江等，其中以浑江为最大，流域面积占鸭绿江全流域的1/4。

鸭绿江是一条美丽的河道，江水清澈，水色略呈墨绿，比较接近雄鸭颈毛的颜色，鸭绿江名即由此而来。干流大部分蛇行于山谷中，比降较陡，平均比降为千分之一。我国临江以上为上游河段，属高山区，森林茂密，河谷切割较深，山势陡峻，两岸常出现基岩裸露的断壁悬崖，多为"V"形河谷，谷宽仅50～150米，急流险滩较多。临江至水丰为中游河段，沙洲及江心岛较多，河谷一般宽500～2000米。水丰至入海口为下游河段，属于低山、丘陵区，在虎山以下进入平原地区，河谷呈"U"形，宽800～2500米。

最大支流浑江发源于长白山系龙岗山脉的东麓，流经吉林省的浑江、通化以及辽宁省的桓仁、宽甸，在集安和宽甸的交界处流入水丰水库。全长445公里，流域面积14776平方公里。蒲石河发源于辽宁省宽甸东部山区的大川头，干流河长122公里。瑷河是最后汇入鸭绿江的一条较大支流，全长197公里，于丹东市附近汇入鸭绿江。

鸭绿江干流蕴藏有丰富的水能资源，可建设水电站总装机容量达237万千瓦。中朝两国已联合建成水丰、云峰、太平湾、渭源等4座水电站。

高原上的雅鲁藏布江

雅鲁藏布江是世界上最高的大河，像一条漫长的银龙，从海拔5300米以上的喜马拉雅山中段北坡冰雪山岭发源，自西向东奔流于号称"世界屋脊"的青藏高原南部，最后于巴昔卡附近流出国境，改称布拉马普特拉河，经印度、孟加拉国注入孟加拉湾。

雅鲁藏布江在中国境内全长2057多公里，在全国名流大川中位居第五；流域面积240480平方公里，居全国第六，流出国境处的年径流量为1400亿立方米，次于长江、珠江，居全国第三位；天然水能蕴藏量达7911.6万千瓦，仅次于长江，居全国第二位。河床一般高度在海拔3000米以上，是世界上最高的河。

雅鲁藏布江，在古代藏文中称央恰布藏布，意思就是从最高顶峰上流下来的水。它的源流有三支：北支发源于岗底斯山脉，叫马容藏布；中支叫切马容冬，因常年水量较大，被认为是雅鲁藏布江的主要河源；靠南一支发源于喜马拉雅山脉，叫库比藏布，该支流每年夏季水量较大。

三条支流汇合后至里孜一段统称马泉河，但在扎东地区也有称该江为达布拉藏布的，藏语马河之意；或叫马藏藏布，藏语为母河之意。该江流至曲水地区叫雅鲁，所以全段河流总称雅鲁藏布江。

雅鲁藏布江的南面耸立着世界上最高、最年轻的喜马拉雅山，北面为冈底斯山和念青唐古拉山脉。南北之间为藏南谷地，雅鲁藏布江就静静地躺在这一谷地里。与谷地的地貌相一致，雅鲁藏布江流域东西狭长，南北窄短。东西最大长度约1500公里，而南北最大宽度只有290公里。

马泉河上水鸟多

雅鲁藏布江干流依自然条件、河谷形态及径流沿程变化，可划分为河源区、上游、中游和下游。1975年中国科学院组织青藏高原综合科学考察队进入河源区，经过深入研究，得出杰马央宗曲为正源的正确结论。

源头海拔5590米，河源区由杰马央宗曲和库比藏布两河组成。在两河源头有杰马央宗冰川、夏布嘎冰川、昂若冰川、阿色甲果冰川等，构成巨大的固体水库。冰峰上面冉冉升起的云雾，像透明的羽纱在半空中轻轻地飘动。

从杰马央宗冰川的末端至里孜为上游段，河长268公里，集水面积26570平方公里，河谷宽达1～10公里。桑木张以下河段称马泉河，平均海拔5200米以上。水流平缓，两岸大片沼泽地内栖息着许多水鸟。马泉河穿行在南面的喜马拉雅山和北面的冈底斯山之间，谷地开阔，一般都有10～30公里。

宽谷中的马泉河就像一条银色缎带，铺展在烟云飘纱的雪山脚下，马泉河最大的支流——柴曲，弯弯曲曲把无数晶莹夺目的小湖泊穿缀在一起，一直挂到那缎带上。这雪山、缎带、湖泊都铺在一块一望无际犹如翠绿绒毡的草地上，这幅美丽的图景，就是上游马泉河地区的写照。

马泉河流域基本上都是牧区，马泉河谷地的上段，由于人烟稀少，目前的茫茫草地还是一个动物乐园，有藏羚羊、岩羊、野驴、野牦牛、熊、狼、狐狸等多种动物。广漠无际的河谷草地上，还散布着排排巨大的黄灰色新月形沙丘。沙丘多的地方，像链条一样连接起来。这些沙丘是冬春旱季马泉河枯水季节裸露的河沙，在经常的西风作用下搬运堆积起来的。

拉萨河与"日光城"

从里孜到派乡为中游段，河长为1293公里，集水面积163951平方公里，两岸支流众多。这里海拔已降到4500米以下。

中游河段呈宽窄相间的串珠状。在宽谷段，谷底宽达2～8公里，水面宽100～200米，有河漫滩，也有高出水面10～120米的阶地。水流平缓，河道平均坡降1‰以下。

站在两侧山地俯瞰宽谷，但见蓝绿色的江面和金光灿灿的沙洲相间，构成特有的辫状水系。在峡谷段，河谷呈"V"型，两岸山体陡峻，谷底宽50～100米，水流湍急。两岸陡壁悬崖，中间流急浪高，水势奔腾咆哮，谷坡以崩塌为主的物质移动十分强烈。

最有名的是桑日县的加查峡谷，长42公里，宽只有30～40米，落差竟达300多米。由于坚硬的基岩和横向断裂的作用，或由于大块崩石的堵塞，河床分别在增和尼阿日喀等两处形成相对高4.8米和5.2米的瀑布。在这里，江流以雷霆万钧之势奔流而下，激起一串串乳白色的浪花和水雾，使人惊心动魄！

雅鲁藏布江中游流域集中了雅鲁藏布江的几条主要支流，如拉喀藏布、牟楚河、拉萨河、尼洋河等。这些巨大的支流不但提供了丰富的水量，而且提供了宽广的平原，如拉喀藏布下游河谷平原、日喀则平原、拉萨河谷平原、尼洋河林芝谷平原等。这些河谷平原海拔都在4100米以下，一般宽2～3公里，最宽可达6～7公里，沿河长可达数十公里。

这里水利灌溉和机械化条件都比较优越，阡陌相连，人烟稠密，是西藏最主要的和最富庶的农业区，也是主要的粮食作物基地和高产稳产农田的发展场所。

雅鲁藏布江中游还是西藏一些重要城镇的所在，如自治区首府——"日光城"拉萨，第二大城市古城日喀则，具有抗英斗争光荣历史的英雄城市江孜等。它们都坐落在流域内一些支流的中、下游河谷平原上，成为西藏工农业经济、贸易、政治文化和交通中心。

"高原上的西双版纳"

派乡到巴昔卡附近为下游段，河长496公里，集水面积49959平方公里。河流从米林县里龙附近开始逐渐折向东北流，经派乡转为北东流向至帕隆藏布汇入后，骤然急转南流进入连续高山峡谷段，经巴昔卡流入印度。

在大拐弯顶部两侧，有海拔7151和7756米的加拉白垒峰和南迦巴瓦峰。从南迦巴瓦峰到雅鲁藏布江水面垂直高差7100米，可称为世界上切割最深的峡谷段。从峰顶的冰川和永久积雪带到谷地的热带，构成了垂直地带。大拐弯峡谷历来以它的雄伟峻险和奇特的转折而闻名于世。它那连绵的峰峦和不尽的急流相结合，构成一幅壮丽动人的画面。

雅鲁藏布江下游的大拐弯峡谷，从派乡到墨脱县希让河长220多公里的河段内，河床下降了2200米，平均1公里内跌落10米多。奔腾的江流在迂回曲折的峡谷中奔流，这里不但蕴藏着充沛的水力资源，而这大拐弯峡谷的地貌形成，又为丰富的水力资源的开发利用提供了难能可贵的条件。初步计算，大拐变峡谷中的水力资源要占整个雅鲁藏布江水力资源的2/3以上，其水能的单位面积蕴藏量在世界同类大河中是少见的。

位于雅鲁藏布江大峡弯中的墨脱县，沿江狭长分布，就像镶嵌在峡弯中的一块绿色的翡翠，是有名的"高原上的西双版纳"。这里随着河流的降低，南来的湿润气流已能沿河谷长驱直入，使降水增加和气温升高。因此这里的河谷低地具有稻谷飘香、绿竹滴翠、芭蕉迎客的热带风光。这里还是中国动物界的一个宝库，各种自然资源十分丰富。

雅鲁藏布江是中国含沙量最低的大河之一，流水对陆地的侵蚀平均每年只有93吨／平方公里。奴下观察站多年的平均含沙量只有0.28千克／立方米。含沙量虽小，但由于径流量丰富，所以输沙量颇大。在奴下站1964年实测最大年输沙量为4620吨。

雅鲁藏布江一泻千里，它的中上游河谷却始终严格地保持着东西方向，只是到了它的下游又突然作奇特的转折，形成大拐弯峡谷。并且，它的一些主要大支流如年楚河、拉萨河等又一反常态，呈反向注入干流。所有这些现象，历来引起人们的注意和兴趣。

通过考察，雅鲁藏布江的形成主要是适应断裂构造的结果。它的中上游沿岸断续出现一系列超基性岩体，它们是深层岩体沿断裂上升露出地表的结果。同时，沿江两侧地层时代不同、产状不连续，一些地方还发现有混杂岩等。地质上认为，雅鲁藏布江是坚固的印度板块和欧亚板块相碰撞的巨大地缝合线，下游大拐弯一带当时处在碰撞地带的东北隅，因而碰撞缝合线就有转折并密集于它的附近。因此，雅鲁藏布江主流中上游是适应东西向深大断裂构造发育的，其下游是适应着构造转折而变化的，一些巨大的反向支流是适应主干断裂的次级断裂构造的结果。雅鲁藏布江是严格适应断裂构造而发育的一条构造河谷，这种严格适应构造发育的情况在世界河流中是罕见的。

天上有一条银河，那就是由无数多种多样的天体组成的存在于宇宙中的银河系。地上有一条天河，也就是世界最高的河——雅鲁藏布江。被称为"天河"的雅鲁藏布江就像是地上的银河。

雅鲁藏布江从雪山冰峰间流出，又将冰液玉浆带向藏南谷地，使这一带花红草肥。繁衍生息于此的藏族人民，创造出绚丽灿烂的藏族文化，这是我们多民族国家文化瑰宝中的重要组成部分。

雅鲁藏布江孕育出的远古文化源远流长，其流域的新石器时代文化以林芝、墨脱为代表。在林芝县和墨脱县曾采集到石器、陶片、斧、锛、凿等类遗物。

新石器时代晚期，西藏各地形成了许多部落。公元前3世纪左右，聂赤赞普作为雅砻部落的首领第一次以赞普的身份出现在西藏历史上，建立了部落奴隶制的土蕃王国。

雅鲁藏布江不仅是西藏文明诞生和发展的摇篮，也是汉藏文化交流的见证人。汉、藏交流史上最值得纪念的是：文成公主和蕃、金城公主西嫁和唐蕃会盟碑。

藏族崇佛信教，所以雅鲁藏布江流域寺庙林立，到处都可听到悠悠的古刹钟声。在众多的寺庙宫观中，布达拉宫是最有代表性的。

雅鲁藏布江流域富饶美丽，它哺育着两岸勤劳英勇的藏族人民。现今，西藏人民正以勤劳的双手和无穷的智慧绘绣着这壮丽的山河。我们相信作为人间银河的雅鲁藏布江，一定会给西藏人民带来更加光辉灿烂的未来。

荒漠绿长廊——塔里木河

在干燥的塔里木盆地的北部，孕育了一条中国最长的内陆河——塔里木河。它仅次于伏尔加河，为世界第二大内陆河。属于塔里木河水系的河流几乎包括整个塔里木盆地，它是新疆南部一条重要的河流。

塔里木河是内陆河，它被群山环抱，流域内气候干燥，雨量稀少。塔里木河若以叶尔羌河源起算，全长为2179公里，其长度仅次于长江、黄河、黑龙江，居全国第四位；流域面积19.80万平方公里，比珠江水系中的西江还长。干流沿着盆地北部边缘由西向东蜿蜒，再折向东南，穿过塔克拉玛干大沙漠东部，最后注入台特马湖。

内陆河的支流都不长，有些河还是间歇河，河流里仅有的一些水都是盆地周围的高山上来的。天山和昆仑山山势很高，山上冰川和永久积雪面积都很大，如天山约有9500平方公里。每当积雪消融，水流奔腾入河，供给这些山脚下的河流，汇聚成这条荒漠上的银龙。

塔里木河上游源流有三条河：叶尔羌河、和田河、阿克苏河，三个支流在阿瓦提县境内汇合后始称塔里木河。

西南源叶尔羌河是塔里木河最长的支流，发源于海拔8611米的乔戈里峰附近的冰川地区，自西南向东北流入塔里木河，全长1037公里，流域面积为4.8万平方公里。它在山区水量也很丰富，出山后，穿过漫长的沙漠，因耗于灌溉、渗漏及蒸发，水量损失很大，故其下游枯水期河床干涸，只有洪水期才有余水泄入塔里木河。

南为和田河，源自昆仑山西段的玉龙喀什河，它自南向北横穿塔克拉玛干沙漠后入塔里木河，全长1090公里，流域面积2.8万平方公里。和田河下游为沙质河床，渗漏很强，故也是洪水期才有余水流入塔里木河。

北源阿克苏河有昆马力克河及托什干河两源，均出自塔吉克境内的天山山脉，汇合后称阿克苏河。它自西北流向东南，注入塔里木河，全长419公里，流域面积为3.6万平方公里。因有腾格里高山冰川融水的补给，阿克苏河的水量非常丰富，是塔里木河的主要水源，平均流量为195立方米／秒。

塔里木河干流又分为上、中、下三段：羊吉巴扎以上为上段，此段河床不分叉，侧蚀强烈，河床不稳定；羊吉巴扎到群克为中段，这里叉道、湖沼众多，洪水期水流漫溢分散，主流常改道；群克以下为下段，河道复旧统一，河水经上、中段渗漏、蒸发及截引灌溉后，所剩不多，又因群克至铁干里克之间兴建了大西海水库，故只有少量河水可以流到阿克苏，洪水时期才有水泄入台特马湖。

洪水期，决口改道的河水，有时摆到北面和孔雀河汇流注入罗布泊，有时摆到南面注入台特马湖。在古代，塔里木河注入罗布泊，罗布泊水草丰盛，土地肥沃。

在罗布泊的西边，有一个著名的"楼兰国"。当时那里果木成片，牛羊肥壮，农业发达，是丝绸之路上商贾往来络绎不绝的地方。据说，张骞、班超、玄奘、意大利的马可·波罗，都曾到过这里。后来，由于塔里木河改道流入南面的台特马湖，碧绿的农田全被风沙吞没，茂密的果树只剩下干枯的树干。昔日遍地的牛羊不见了，繁荣昌盛的"楼兰古国"至今仅留下几处残墙断壁。

在气候干燥的塔里木盆地，慷慨无私的塔里木河用自己宝贵的"奶汁"滋润着两岸的土地，哺育着两岸的人民。从上游到下游，长河两岸，绿洲片片，渠道纵横。这里棉桃压枝，朵朵如云；果园瓜果芳香扑鼻。更加奇特的是那沿河两岸延续不断的胡杨林，像一条绿色的长廊，给荒漠增添了鲜丽的艳姿。

塔里木盆地的天然胡杨林共有28万公顷，这在世界干旱荒漠地带中是独一无二的。棵棵胡杨，拔地而起，树干粗得可数人合抱。浓密枝叶形成的大树冠，活像一把巨大的遮阳伞。有的树上藤条缠绕，上下垂挂，恰似绸带。

江河博览

如果人们长途跋涉从满目荒凉、死一般寂静的大沙漠深处走出，进入塔里木河两岸绿荫浓重的胡杨林中时，会顿觉空气清新，恬静爽适，仿佛来到了世外桃源。

塔里木河两岸的原始胡杨林还是野生动物的天然乐园。成群结队的骆驼、马、鹿在这里自由驰骋，安然觅食。大批的黄羊、野猪、狐狸、草兔、田鼠和各种猛禽在这里安家落户，过着食物丰盛的生活。

新中国成立后，在利用塔里木河河水方面取得了不少成就。1952年在尉犁县修筑了拦河坝，在下游建起了卡拉和铁干里克两大垦区。为了发展生产，修建了许多大小水库。灌区的迅速发展，使塔里木河的水愈来愈多地被用于灌溉，从而两侧的荒地也逐步变成了肥美的绿洲良田，塔里木河功不可没。

归入北冰洋的额尔齐斯河

额尔齐斯河是我国唯一归宿于北冰洋水系的河流。它是俄罗斯鄂毕河上游两条重要河流之一。上游在新疆准噶尔盆地北部，源出阿尔泰山南麓，在可可托海附近和支流喀依尔提河汇合，至富蕴折向西北，接纳众多支流。在哈巴库伊以西流出国境，注入前苏联的斋桑伯，又从湖的北口流出，至汉特-曼西斯克城汇入鄂毕河，最后于萨列哈尔德城附近注入北冰洋。

额尔齐斯河全长2969公里，流域面积107万平方公里，在我国境内长546公里，流域面积6万平方公里。

额尔齐斯河两岸景色截然不同，右侧是白雪皑皑的阿尔泰山群峰，山坡上覆盖有浓郁的古松；左侧是一望无际的戈壁滩和平缓起伏的丘陵，生长着稀疏的荒草植被。阿尔泰山势从东北向西南倾斜，南坡为额尔齐斯河主要支流的发源地。

额尔齐斯河在我国的主要支流都是从右岸汇入，有喀依尔提河、克拉额尔齐斯河、克兰河、布尔津河、哈巴河、布列孜克河及阿勒卡别河等，形成梳齿状水系。

额尔齐斯河处于新疆降水量丰富的地区。从北冰洋来的气流，经俄罗斯斋桑谷地，沿额尔齐斯河谷进入阿尔泰山区，遇到高山阻挡，在阿尔泰山南坡形成降雨、降雪区，年平均降水量为300～400毫米，有的地区达600毫米以上。冬季降雪占年降水量的30%，山区最大雪深达1米以上。夏季降水占年降水量的一半左右，所以每年5—7月，冰雪融化，加上降雨，额尔齐斯河常形成洪水，此时水量占全年60%左右。

额尔齐斯河在山区峡谷段内，河谷深切，最深处达300米以上，两岸为坚硬的花岗岩，水流汹涌，乱石交错。沿河有茂盛的森林和广阔的草地，夏季气候湿润凉爽，是很好的夏季牧场。河流出山口后，河道开阔，比降减低，水流缓慢，汊流、岛屿、沙洲众多，河谷洼地长满树丛和牧草，成为冬春放牧的良好场地。

潜入沙漠内陆湖的河流

我国内流河区域面积很大，约占全国总面积的36%。它们主要分布在我国北部的内蒙古高原、西北的河西走廊、柴达木盆地、新疆的大部分地区以及西藏的北部。据统计，西北地区的内流河约有430多条，其中水量超过10亿立方米的内流河有15条。新疆地区最多，共有内流河315条，其次为河西走廊，约为60条，再次为柴达木盆地，约有50余条。

内流河地区由于远离海洋，山地高原环绕，来自海洋的潮湿气流吹到这里已是强弩之末，再遭山地阻挡，很难深入。所以这些地区降水量很少，除个别山地外，一般年平均降水量均在200毫米以下，有的地区仅几十毫米。加上这里多属荒漠、半荒漠地区，蒸发旺盛，从而造成这些地区河流少、水量少、流程短的特点。

内流河的归宿，一般或是归入内陆湖泊，或是消失于沙漠。在新疆：塔里木河和车尔臣河归入台特马湖，孔雀河注入罗布泊，玛纳斯河流人玛纳斯湖，乌伦古河归入乌伦古湖（布伦托海），克里雅河消失于塔克拉玛干沙漠，开都河注入博斯腾湖，伊犁河流入哈萨克斯坦境内，注入巴尔喀什湖。在河西走廊，疏勒河消没于新疆东部边境。在青海省，归入青海湖的有布哈河，归入布达逊湖的有格尔木河，归入南霍鲁逊湖的有柴达木河。在藏北高原，有扎加藏布归宿色林错，波仓藏布归宿达则错，毕多藏布归宿塔若错，阿毛藏布归宿昂拉仁错。

塔里木河是我国最长的内流河，也是世界上较大的内流河之一。全河长约2137公里，流域面积为19.8万平方公里。

上游由三条大的支流组成，即阿克苏河、叶尔羌河、和田河。阿克苏河有库玛拉克河和托什干河两源，均出天山西段。在阿克苏县西大桥处汇合以后始称阿克苏河，从西北往南流，于阿瓦提县南注入干流塔里木河，长419公里，流域面积3.6万平方公里。

因有天山山脉的最高峰腾格里高山冰川融水的补给，阿克苏河水量丰富，常年有水流进塔里木河，平均流量195秒立方米。现因在该河建设水库引水灌溉，下泄至塔里木河的水量日益减少，趋于干枯。河道干流上游穿行于天山群峦之间，坡陡水急，切割深邃，形成许多"凌空危崖人相对，如要相会走半年"的悬崖巨壑地形。

叶尔羌河发源于喀喇昆仑山北坡，海拔8611米的乔戈里峰附近的冰川地区，出山区后，从西南往东北流，在阿瓦提县肖夹克附近与阿克苏河、和田河汇合成塔里木河，长1037公里，流域面积4.8万平方公里。由于有充沛的冰雪融水补给，叶尔羌河在山区水量比较丰富。出山以后，流经漫长的沙漠地带，因耗于灌溉、渗漏、蒸发，水量逐渐减少，枯水季节下游往往干涸断流，只有洪水期才有水泄进塔里木河。

和田河是穿越塔克拉玛干沙漠腹地的河流，长1090公里，流域面积2.8万多平方公里。它原来汇入塔里木河，现在已没有水再流进该河。和田河上游有两源，西支叫喀拉喀什河，出喀喇昆仑山北麓；东支叫玉龙喀什河，发源于昆仑山冰川。两源流出山区后在阔什拉什汇合，即进入沙漠腹地，逐渐消失于下游沙海之中。

和田河上游依靠冰雪融水和山地降水供给，水量亦较丰富，灌溉了古丝绸之路上的300万亩耕地，形成"莫道潮海苍茫天，自有清溪映和田"的塞外绿洲。

塔里木河上中游水面宽阔，两岸绵延着起伏的沙丘，生长着茂密的胡杨林，宛如绿色的走廊，与其南部塔克拉玛干沙漠地区相比，景色截然不同。塔里木河三大源流在阿瓦提县的肖夹克汇合后，一直到台特马湖，基本没有支流汇入。

由于沿途引水灌溉，加上渗漏和蒸发，水量越来越少，以致除洪水季节，平时很少有水流进台特马湖。在历史上，塔里木河下游河道，由于泥沙淤积，河床变浅加高，每当洪水来临，经常决口、改道，游荡不定。由于其南迁北涉，从而导致下游湖泊的变动。当其摆动到北面时，就流入孔雀河，一起注入北面的洼地，水量增大，造成罗布泊的扩大，台特马湖因无水汇入而消失。当其摆动到南面时，就单独注入南面洼地，使台特马湖恢复，北面的罗布泊因水量减少而面积缩小，甚至干涸。

1952年以后，经过人工治理，修堤筑坝，逼迫塔里木河南流，与孔雀河两岸开荒种地，引水灌溉，下流的水量日益减少，以致罗布泊和台特马湖均逐渐缩小，趋于干涸。

河海涌潮的钱塘江

钱塘江是浙江省最大的河流。上游新安江源于安徽省东南部休宁县六股尖，汇入兰江后，东北流到海宁县澉浦以下注入杭州湾。全长605公里，流域4.88万平方公里。

发生在钱塘江向杭州湾入海河口段的涌潮，自古以来便以"天排云阵千雷震，地卷银山万马腾"的胜景，被誉为天下奇观。

每年中秋节前后，钱江潮涌特别高，当大潮头来时，从东而西，形成横江的白练，狂涛翻滚，排山倒海，靠近岸边，卷起的浪头，有时竟达3米多高，蔚为壮观。

从唐朝以来，钱塘江观潮就成为每年中秋节的盛事。位于杭州市以东4公里海宁县的盐官镇，很早就成了传统的观潮地点。在盐官镇的大堤上，专门修建有观潮台和观潮亭。历代不少诗人对钱塘江大潮作了绘声绘形的描述。唐代刘禹锡有"八月涛声吼地来，头高数丈触山回。须臾却入海门去，卷起沙堆似雪堆"。宋代苏轼有"八月十八潮，壮观天下无"，"万人鼓噪慑吴侬，犹似浮江老阿童。欲识潮头高几许？越山浑在浪花中"等诗句，写出了钱江潮头的高大。清代有人作《钱塘观潮》，"海色雨中开，涛飞江上台。声驱千骑疾，气卷万山来"，描绘出了钱塘观潮的场面。

潮汐主要是月球与太阳的引潮力激起海水涨落现象的。每年八月中秋节前后，太阳、地球、月球成一线时，引潮力特大，海潮也比平时增高。钱塘江口涌潮是在特殊的地理条件下发生的特殊潮汐现象。

这里江口呈喇叭形状，杭州湾口北岸的南汇嘴至南岸的镇海相距100多公里，从东海传来的潮波，涌入湾内，向西循钱塘江口逆流而上，到澉浦，水面宽度为20公里，到海宁一带宽度缩小到3公里，这样就使得来自大海的潮波能量高度集中。同时，自湾口向上游，水深也逐渐变浅，从湾口附近水深平均9米，到澉浦水深变得只有2米左右。这种地形，使得潮波的波峰向前倾，波谷变缓，波面陡立，形成了"声驱千骑疾，气卷万山来"的涌潮。

根据历史文献记载，钱塘江大潮最高潮头可达3.72米，涌潮的瞬时最大流速超过每秒12米，它具有巨大的能量，能够引起咸水倒灌，冲毁村镇，淹没农田，成为给两岸人民造成惨重损害的潮灾。历史上从秦代起就有人修筑海塘（即海堤）保护家园。现在盐官镇附近还保留有清代乾隆年间修筑的鱼鳞石堤。钱塘江口海塘是我国著名的古代水利工程之一。全国解放以后，对原有石塘进行了加固，并修筑了钢筋混凝土堤400余公里，蜿蜒于钱塘江口两岸，保护着沿海的农田和城市村镇。随着科学技术的发展和国家经济力量的增强，人们还将利用潮能兴建大型的潮汐发电站。

我国古代长江口也曾存在与钱塘江潮同样壮观的涌潮。由于今天的扬州城在当时为广陵郡，人们便把这里发生的涌潮称为广陵涛。汉代著名辞赋家枚乘在《七发》中对广陵涛作了有声有色的描写，"客日：将以八月之望与诸侯、远方交游兄弟并往观涛于广陵之曲江。……波涌而涛起，其始起也，洪淋淋焉，若白鹭之下翔；其少进也，浩浩溰溰，如素车白马帷盖之张。其波涌而云乱，扰扰焉如三军之腾装"。三国魏文帝曹丕伐吴，到广陵，见江涛甚壮，望江而兴叹："嗟呼！无所以限南北也。"晋代郭璞的《江赋》也记有：鼓洪涛于赤岸也。南朝时，广陵涛仍然比较壮观，刺史每在秋月多出广陵观潮。至公元766年以后再没有人谈到广陵观潮的事了。

长江涌潮的兴衰与长江口的变化有关。在6000年以前，当时的长江口在扬州、镇江一带，扬州以下为一海湾，从开阔的海湾往上突然收缩为束狭的河道，像目前钱塘江口一样，形成一个喇叭形的河口，同时长江口水下也存在沙坎，海潮从东海汹涌而来，经开阔的海湾乍入河口隘处，又被水下沙坎激逼，隆崇涌起，便形成壮观的涌潮。唐朝以后，泥沙淤泥，江口下移，加上人为地修筑海塘堤坝，加快了三角洲扩展的速度和规模。长江口由喇叭形转变为一般河口，潮涌也就随之消亡。

◎ 沧海桑田 ◎

　　江河冲刷平原使水土流失，洪水泛滥成灾，给江河两岸的人民带来了苦难。同时，江河带着泥沙流动，冲刷出一片片广大的平原，给人类造就了新的生存空间。

　　千万年来，人类始终与水灾搏斗着，无论是开挖运河还是兴修水利，都是为了改造江河，使它们造福于人类。

"水土流失"和"造陆运动"

黄河下游的"千里悬河"河南、山东黄河下游像条巨龙，横卧在华北平原上，使人望而生畏。那么，它是怎样形成的呢？

如果你乘飞机由成都经西安至北京，便可以发现川北陕南到处郁郁葱葱，而陕北和山西境内则是一片光秃秃的黄土地，被蜿蜒曲折的黄河的大小支流切割得支离破碎，沟壑纵横，这就是闻名于世的黄土高原水土流失区，总面积达43万平方公里。

黄土高原上面覆盖着厚厚的黄土层，70%的地面黄土层厚度为30～50米，最厚的地方达200米以上。黄土高原的黄土为粉沙壤土，组织疏松，对水流抗蚀力小；加上黄河中游区是我国暴雨最强的地区之一，例如内蒙古自治区的乌审旗在1977年8月1—2日的8小时内，暴雨量达到1000～1400毫米；同时，这一地区又缺乏森林草原植被的保护。这三个因素便造成了黄土高原严重的水土流失。严重的水土流失每年为黄河输送巨量的泥沙。

黄土高原水土流失最为严重的是陕北、晋西北和陇东一带的10万平方公里的土地，每年进入黄河的16亿吨泥沙主要来自这一区域。

据有关部门从1919—1977年60年的统计，黄河在托克托以上的来水量平均每年为249.5亿立方米，占全河水量一半多一些，来沙量为1.43亿吨，占全河含沙量的8.8%，平均每立方米水含沙量5.73千克。托克托至龙门区间来水量70.7亿立方米，占全河水量15.1%，来沙量9.08亿吨，占全河含沙量的55.4%，平均每立方米含沙量128.5千克。

黄河的几大支流泾河、北洛河、渭河、汾河等总共来水量为102.8亿立方米，来沙量5.53亿吨，平均每立方米含沙量为53.8千克。从托克托到汾河入黄河口之间的晋陕交界河段，共计来沙量达14.6亿吨，占全河含沙量的89.4%。

黄河每年从黄土高原带走16吨泥沙，如果把它堆成高1米、宽1米的土墙，其长度为地球到月球距离的3倍，可以绕地球赤道27周，相当于每天使用4吨的卡车110万辆次，一年到头不停地运输。

黄河背着这沉重的包袱，在晋陕峡谷里，奔腾咆哮。出孟津后，河面开阔，流速大大减慢，河水携带泥沙的能力也随之减小，此时黄河如卸重任，每年大约把4亿多吨泥沙沉落在下游河道里。这些泥沙平均每年使河床升高约2～10厘米，年复一年，河床便不断抬高。

沿河人民为了抵御水的漫溢横流，便修筑堤防挡水，并随着河床的抬高、水位的增涨，又不断加高堤防，这样便使堤内的河床逐步高出堤外的地面。

原来黄河从河南流经山东、安徽，在苏北注入黄海的废黄河故道上，至今仍留有一道沙岗。今天的黄河流路，是在清咸丰五年（公元1855年）河南铜瓦厢（今兰考县东坝头以西）向北决口，改道东北流经山东横穿运河，由利津附近注入渤海的。在短短的100多年时间里，河床已比大堤外的地面高出数米，成为举世闻名的地上"悬河"。

近30年来，黄河下游又出现了一种新的奇景，即在"悬河"中又形成了"悬河"。因为黄河下游河道宽阔，最宽的地方达10多公里，除主河槽外，两边滩地一般只在汛期行洪，一年中多数时间没有水流经过。黄河下游河道面积为4200多平方公里，其中滩地达3500多平方公里。自古以来沿河人民均在滩地上种植庄稼，每年可以收获一季小麦。1958年以来，在滩区又逐步筑起了保护庄稼的生产堤，目前总长达600多公里，形成了堤内有堤的奇观。

由于生产堤的阻挡，黄河之水漫上滩来的机会减少，使下游河道泥沙主要淤落在主河槽里，形成了主河槽的平均高程比滩地还高的现象。从河南封丘到濮阳的河段，主河槽高程比滩地高出1米左右，而滩地又比大堤外的农田高出数米，这种奇特的现象恐怕在世界上是仅有的。

黄河三角洲在下游入海处，形成于1855年以后，冲积成三角洲。由于淤泥、汛期时逆塞，黄河入海口约平均8年改道一次，黄河三角洲外延速度是十分惊人的，近年来三角洲入海口的沙嘴平均每年向海里推进3公里左右，最快时能延伸出7～8公里。黄河乃填海造陆的强手，世界上还真没有哪一条江河能赶上它。

地上"悬河"，不仅黄河有，长江也有。长江泥沙虽然比黄河少得多，但在湖北的荆江河段也形成了一段地上"悬河"。长江冲出三峡后，江面突然展宽，比较和缓，流路曲折，尤其是湖北枝城到湖南城陵矶的荆江河段，直线距离仅80公里，而河道流路竟达240公里。因此来自长江上游的泥沙一部分沉落在荆江河段，淤高了河床。

为了保护湖北荆江以北江汉平原800万亩耕地，人们就在江北筑堤防洪，河床愈淤愈高，堤防也越修越高，以至河床高出堤外的地面。目前荆江大堤已高出堤外10米左右，最高的地段达16米。

每年洪水季节，站在临河城市的楼房上眺望，江上行船就像在屋顶上飞过，人们把这种现象称之为"飞来水，天上河"。

由此可见，地上"悬河"是人类在与自然搏斗中创造的一种奇观。它像万里长城一样，记载着中华民族与大自然斗争的悠久历史和丰功伟绩。

长江流经6380多公里后，平均每年将1万亿立方米的水量输入东海，水量相当于黄河的20倍，占全国河流入海总水量的三分之一以上。

如此巨大的水量，每年带走的泥沙便开始了"造陆运动"。在古代，江苏省长江北岸的扬州和南岸的镇江，曾是长江的入海口，千百年来，淤积的泥沙不断向东推进，于是形成了如今的"长江金三角"冲积平原，于是也就有了名叫"上海"的中国最大的城市。

改造黄河的设想

中华民族在远古时代就开始了治理黄河的艰苦奋斗。人们熟知的"大禹治水"的故事，就是从这条河流开始的。千百年来，一代又一代的中国人，用"堵"的办法治理着这条"悬河"。

但是，黄河并没有被这伟大的创造所制服，它们仍在不断淤高，大堤也在人们的一铲一锹中不断增高。

毫无疑问，地上"悬河"越高，对人们的威胁也就越大。一旦堤防溃决，洪水一泻千里，就会造成不可估量的巨大损失。历史上黄河、长江发生的大洪水灾害，甚至黄河改道，都是发生在黄河下游。

近年来，人们不断发出警钟，特别是如何解决黄河下游"悬河"的险境已是迫在眉睫的大事。为此，专家学者纷纷提出治理方案。

有人主张在下游另辟新河道；有人提出再挖一条河道或多条河道交替行洪，分流入海；还有人建议，在上游另凿河道，使黄河干流绕开黄土高原，以求从根本上治理黄河。

如果采取人工改道办法，"最佳方案"是在现河道之北，从河南武涉县经山东无棣县套尔河入海。

但是，即使尽量利用现有的河道北堤作为新河道南堤，仍需修筑新堤550公里，工程占地面积达5137平方公里，损失耕地535万亩，迁移人口250万。还要打乱黄河下游河南、山东两省2500万亩的耕地引黄排灌系统，重建胜利、中原两座油田的供水系统，重建联接京广、京沪、陇海三大铁路以及南北交通横跨交通黄河的8座铁路、公路大桥等交通体系，预算耗资达300～400亿元。

据专家分析，实行人工改道后的结果也并不理想：首先，它不可能保证防洪的安全；其次，另辟新河道还是地上河，每隔20年即需加高一次大堤，并非一劳永逸。因此，在目前情况下人工改道方案是行不通的。

有关水利专家多年研究后认为，让现有的黄河河道再运行100年左右是可以做到的。其措施：

一是扎扎实实地做好中上游黄土高原的水土保持工作，种树种草，大规模、多方面地开展小流域治理，这是减少泥沙的根本途径。只有减少黄河的输沙量，河床的增高才会减慢。

二是在黄河干流上加速兴建峡谷段的高坝大库，例如兴建三门峡和花园口之间的小浪底水库，预计可拦沙100亿吨，使下游河道20年内不再淤高。如果兴建晋陕峡谷中的碛门、龙门等控制性水库，则可拦泥沙350亿吨，使下游河床50年左右基本不淤高。

三是继续加高培厚堤防、整治险段，同时推广引洪放淤、引黄淤灌，使泥沙变害为利，既可减轻河道淤积，又可利用沙加宽加高堤防，改造低洼农田。

随着科学技术的发展，国家经济实力的增大，人们认识黄河规律的加深，这条地上黄龙是可以制服的，黄河流域将开出比历史上更加灿烂的经济文化之花。

依水而建的六大古都

居民点和城镇的形成与发展都离不开水。人们生活饮用需要水，耕种庄稼需要用水灌溉，手工作坊需要用水作动力，因此最早形成的居民点和城镇均在靠近河流的地方。西安市发掘的距今大约6000年前半坡村新石器时代遗址——中国原始社会的村落，就座落在浐河上。

中国六大古都西安、洛阳、开封、南京、杭州和北京，都与河流有密切关系。

古都西安从西汉、新莽、东汉（献帝初）、前赵、前秦、后秦、西魏、北周到隋、唐，10多个王朝在这里建都，历时达1000余年之久。都城几经变迁，但均围绕着泾、渭、灞、浐、沣、滈、橘、皂诸河流来规划都城建设。

最早的西周国都丰京和镐京，分别位于沣河的西岸和东岸。秦国定都咸阳，背塬临河，实际上是跨越渭河南北两岸营造官室的，著名的阿房宫即建在渭河的南岸。

西汉王朝刘邦定都长安，其都城亦建在渭河南岸、紧靠皂河东岸的地方。

隋文帝兴建大兴城，在汉长安以南，皂河、浐河之间，其城周36.7公里，面积84平方公里，几乎等于解放前西安城的10倍。唐王朝在隋大兴城的基础上建设都城，并改名为长安。

泾、渭、灞、浐、沣、滈、橘、皂，诸河分别流经西安的东境、西境、南境和北境，为西安古城的发展提供了丰富的水源，素有"八水绕长安"之说。

渭河是西安城市发展水路交通的主要依托。汉代引泬水入昆明池，使昆明池成为汉长安城的人工水库。由昆明池向北和东北开渠，分别供应城内外用水。唐代引潏水城建龙首渠，引橘水入城建清明渠，引滈水入城建永安渠，使唐长安城的供水源源不绝。

由于汉、唐长安城渠道纵横交错，湖泊星罗棋布，为当时长安城倍添了无限美好风光。"宫松叶重墙头出，渠柳条长水面齐"，正是当时长安城风景的写照。

洛阳是东周、东汉、三国魏、西晋、北魏、隋（炀帝）、唐（武则天）、后梁、后唐的"九朝名都"。历朝都城均建设在洛水、伊水之间。西周成王时，在建设丰京、镐京的同时，于洛水之滨营造成周王城。

公元前770年，周平王从镐京迁都洛阳，史称东周。东汉光武帝刘秀即位后，定都洛阳，在今洛阳市东15公里处的洛水北岸营建宫殿和台、观、馆、阁，还修建了上林苑、芳林苑、灵圃等游猎场所。

东汉末年，洛阳遭到严重的破坏，曹操挟汉献帝迁都许昌。至建安二十五年（公元220年）魏文帝曹丕篡汉自立，又迁都回洛阳，历西晋、北魏。

从村落、乡镇、城市直至京城，都依水而建，人口慢慢集中，经济文化就这样发展起来。

就依水建都的开封而言，历战国时的魏国、五代时期的后梁、后晋、后汉、后周，以及后来的北宋和金，凡七个朝代，均依赖于漕运而发展。其中北宋成为开封的鼎盛时期，人口上百万，富甲天下，成为当时世界上最繁华的都市之一。当时贯穿开封全城的水道有4条，即汴河、惠民河、五丈河、金水河。惠民河通蔡州，又叫蔡河。五丈河贯穿开封的东北部，经曹州（今山东曹县），直入梁山泊，与济水相通。北宋时期，东京的粮食，主要靠这条河运入。金水河位于开封城的西郊，自荥阳引京、索两水过中牟到达开封，东汇于五丈河，在渡槽的汴河上横穿而过，它的主要作用是供皇宫用水。汴河由西向东贯穿开封城，是贯穿开封全城四条水道中最重要的一条河流，其主要作用是漕运。

据《宋史·河渠志》记载："汴河横亘中国，首承大河（黄河），漕引江湖，利尽南半天下之财赋，并山泽之百货，悉由此路而进。"由此可见当时河流航运对都城的重要。后来由于黄河多次泛滥决口，使汴河、蔡河、五丈河、金水河等自金代以后都淤没了，开封成了一座没有水运的孤城，加上战争的破坏，从此衰落下来。

南京古称金陵、秣陵、建邺、建康、白下、上元和集庆等，是一座具有2400年历史的古城。它三面环山，一面临水。西北面长江奔流而过，东面和南面山脉蜿蜒起伏，内有秦淮河、金川河通过，莫愁湖在城西，玄武湖在东北。经长江东下可以出海，西上可通江西、两湖；经南北大运河北通洛阳、北京，南连苏杭。水运十分便利，古人称它是"地拥金陵势，城回江水流"。

三国诸葛亮出使东吴时，曾对孙权赞叹说："钟山龙蟠，石城虎踞，真乃帝王之宅也。"在这里建都，进可以利用长江水运之便，发展经济，兴建水军；退可以利用长江天堑，抵御北方之强敌。故从三国东吴建都，历东晋，南朝的宋、齐、梁、陈，五代十国的南唐，朱元璋的明初王朝，太平天国和近代的民国政府共十个朝代，南京成为中国六大古都之一。

南京城的建设，始终是围绕利用长江、秦淮河、玄武湖、金川河的水利之便开展的。金川河东连玄武湖，西入长江，早在五六千年前，我们的祖先就在现南京鼓楼岗下金川河畔建立起了最早的聚落。

公元前472年越王勾践灭吴，命范蠡修筑越城，就建设在现中华门外的秦淮河畔。公元前333年楚灭越，楚威王下令修筑金陵邑城池，就建在当时秦淮河汇进长江的入口处、今清凉山下。三国时代，东吴孙权称帝于公元229年，定都建业，兴建南京历史上第一个王朝的京都，其地点即在玄武湖以南鸡笼山、覆舟山下。

当时玄武湖水面比较深阔，可以操练水师。孙权还在金陵的基础上，修筑石头城。西临长江，南控秦淮河的入江口，成为捍卫京都的军事要塞。东晋、南朝宋、齐、梁、陈基本沿袭东吴建业城，在玄武湖以南秦淮河以东兴建都城，通过秦淮河、金川河与长江连接。

五代十国时期，金陵成为南唐的都城，改为江宁府。其城池为建康城南移，横跨内秦淮两岸，城南、城西紧靠外秦淮河。明代朱元璋定金陵为全国的首都，号称南京。营造的南京城，西北造长江，北临玄武湖，南抱秦淮河，城周36.7公里，城墙高14～21米，底宽14米，顶宽4～9米，全部用砖石砌成。其规模之宏大，把六朝的建康城、石头城和南唐的江宁府城全部包括在内，构成14世纪世界上第一大城。

与南京城密切相关的秦淮河，发源于句容、溧水，全长110公里，流到南京通济门外，分为两支，一支穿行城内，即内秦淮河，一支绕过城南，即外秦淮河。到水西门外，内外秦淮河相汇，古代即由此注入长江。秦淮河为古南京城居民带来了取水和交通的便利，以致过去一些文人学者把"秦淮"看成了南京的代名词。

杭州位于钱塘江北岸。在远古时代，美丽的西湖只是个小小的海湾，称为武林湾。由于泥沙淤积，使武林湾变浅，久而久之逐步演变成一个滨海泻湖。新石器时代，人类在此建立聚落，从事耕种、狩猎和捕捞等生产活动。秦始皇统一中国后，在此设钱塘县。隋炀帝开江南运河后，杭州作为运河的终点，一跃而成为重要的商业城市。

杭州城开始临西湖而建，以便解决城市生产用水。唐代李沁任刺史时，修建六井，从钱塘门、涌金门等处引西湖水入六井，使城区离湖向东扩展。公元822年白居易任刺史，修筑了北面的湖堤，提高西湖水位，为城市的进一步发展解决了水源。

北宋苏轼任杭州通判、知州期间，对西湖进行了全面整治，利用疏浚西湖挖出来的泥土葑草在湖中建成一条贯通南北、长达2.8公里的湖堤，堤上修建6座石桥以通湖水，全堤遍植芙蓉、杨柳和花草，后人称为苏堤。"苏堤春晓"至今仍是西湖的胜景之一。苏轼还着手疏浚和改造了城内诸河及六井，进一步促进了城市的繁荣。

公元1132年宋高宗赵构南逃定居于此，公元1138年正式定都临安，持续达150年之久。至南宋末年，全城人口逾百万，成为全国第一大城市。城市内外和乡村间的运输，主要靠运河和城内诸河。在城北一带的运河上，樯橹相接，舟行如梭，不分昼夜。钱塘江上既有江船，又有海船。海船不仅到达沿海的台州、温州、福州、泉州等重要海港，而且远到日本、朝鲜和南洋各国。

北京，从3000多年前的蓟邑直到明清北京城，一直是围绕着水源来建设城市。蓟位于现在北京市的西南隅，恰好位于古卢沟河（今永定河）冲积扇的脊背上，是古卢沟河的渡口，居水陆交通之要冲。较好的排水条件，丰富的地下水源和充沛的地表水，满足了早期发展的需要。三国时代，为了解决城市供水问题，在蓟城近郊兴修了一座较大规模的人工灌溉工程，即戾陵堰与车箱渠。戾陵堰建筑在㶟水上（今石景山南麓的永定河），车箱渠将戾陵堰分出的河水引入高梁河的上游，通过支渠，使2000顷土地得到灌溉。

1153年金主完颜亮迁都北京，改称中都。为解决中都漕渠用水，金朝沿车箱渠引永定河水，东接潮白河，后又引瓮山泊（今昆明湖）水，下接高梁河。

1260年，元忽必烈建大都后，城内以太液池（今北海、中海）为中心，在其周围建设宫室。今积水潭是南北大运河的终点，水支发达，商业荟萃。

明成祖朱棣夺帝位后，定都北京，大运河成为京城与江南经济发达地区联系的交通命脉，载运物资粮食的货船和客船络绎不绝。清军进关后，进一步开发水源，利用西北郊泉水溢出形成的湖泊，先后修建了畅春园、圆明园、静明园、静宜园、颐和园等一系列皇家花园。

直到今天，河流在"六大古都"中都在起着积极的作用。河流发展了城市，城市的人应该爱惜它们。在城市河道污染日益严重的当今，如何保护生我养我的河流，是每一个公民应尽的责职。

河流与城市的兴衰

　　除六大古都外，现在全国31个省、直辖市、自治区的省会和首府中，只有内蒙古自治区的呼和浩特离河较远，其余30个省会和首府的兴起、发展均同河流有密切关系。

　　全国最大的城市上海北临长江，吴淞江、苏州河从西而东横穿市内，黄浦江自南而北汇入长江，在海陆交通和长江航运方面具有枢纽的地位。

　　天津市跨越海河两岸，东西市区桥桥相接。

　　石家庄市位于滹沱河南岸，通过石当总干渠从平山县岗南水库引水接济市区。太原市有汾河从北往南穿过市区，把城区分为东西两部。

　　沈阳市位于浑河的北岸，浑河从东而西流过。长春市有伊通河纵贯南北，穿过市区。哈尔滨市紧贴松花江的南岸。兰州市沿黄河两岸发展，成狭长的带状城市。

　　银川市位于黄河西岸，通过引水干渠与黄河沟通。西宁市大部分位于湟水南岸，并有北川河、南川河通过市区。乌鲁木齐市有和平西渠、和平东渠、水磨沟等河渠从南往北穿市区流过。

　　济南市位于黄河之南，小清河从西往东由城北穿过。

　　合肥市区水网环绕，淝河从西北往东南斜穿市区，并有四里河、板桥河、二十里河从西、北、东三处汇入。郑州市位于黄河南岸，贾鲁河在南、东风渠在东北环绕城市。

　　南昌市位于赣江下游东南岸，抚河在西，青山湖在东，成为一座三面环水的城市。福州市座落在闽江下游的福州平原，有白马河、晋安江从北往南穿过市区汇入闽江。

武汉市从西往东有汉江流过，从南往北有长江相间，形成汉口、汉阳、武昌三足鼎立的城市。长沙市西有湘江北去，北有浏阳河蜿蜒东流。

广州市位于珠江口，珠江从西往东穿过市区，同时城西还有从北面汇入的增涉江、白沙海、沙贝海等。南宁市紧依邕江，由大桥连接南北市区。成都市有南河、府河、沙河穿过。

贵阳市南部有南明河流过，并有小车河、市西河、贯城河支流汇入。春城昆明西有滇池与螳螂川相，市区从北往南有盘龙江、金汁河穿过。

拉萨有拉萨河从西向东流过城南。

台北市三面环水，淡水河从西南、新店溪在南面、基隆河由北面环抱着市区。

海口市北临琼州海峡，南渡江绕过市区东面注入海洋。

由此可见，河流对城市的兴起、发展和繁荣起着重要的作用，尤其是在火车、汽车等现代交通不发达的历史时期，河流乃是城市的生命线。中国古代不少城市，随着河流水运的畅通而发展，又随着河流的淤塞、改道或水运的变迁而衰落。开封古都的历史即是一部水运兴衰史，大运河沿岸的扬州、淮安、淮阴和湖北的襄樊，其繁荣衰落的历史也证明了这一点。

扬州南临长江，北接淮水，中贯大运河，早在唐代已成为全国性的商业都会、国际贸易港埠，是仅次于长安的全国第二大城市。苏、松、常、杭、嘉、湖的漕船都经过扬州停泊换船北上，淮南沿海地区的盐、豫章的木材、景德镇的瓷器、四川的蜀锦、药材，都由扬州经大运河北上运往长安。东南亚、阿拉伯商人来此贩卖珍宝，采购中国丝绸、瓷器等，由海上丝绸之路运往中东。当时扬州河渠四达，帆樯林立，船舫相摩，满载各种货物，南来北往。河上架有许多桥梁，"二十四桥明月夜"，描绘了水郭的风貌。

在京杭大运河兴盛时期，位于大运河沿岸的淮阴和淮安亦是漕运的中转地，淮安被誉为"襟吴带楚客游多，壮丽东南第一州"。到清朝末年，海运兴起，津浦铁路通车，以及淮北盐场兴起，大运河逐渐衰落，扬州在经济上、交通上的地位一落千丈，淮阴和淮安等也衰落下来。

近年来，由于治淮事业的发展，苏北运河水运的恢复，淮阴、淮安又焕发了青春，成为新兴的中等工商业城市。

过去湖北的襄阳、樊城之间有汉水从中流运，扼汉江和唐白河的交会口，东通吴会、西连巴蜀，南极湖湘、北控关洛，处于水运交通的要冲，是"南船北马"的水陆交通中心，自古为兵家必争之地。汉唐时期人口都在10万以上，清代亦有8万人口。后来京汉铁路建成，商路转移，交通地位下降，城市衰落，至1949年人口只有3万多。20世纪60年代以来，焦枝、襄渝铁路建成后，襄樊又成为铁路、水运的枢纽，大大促进了当地工业的发展，成为全国著名的中等城市之一。

古代新疆吐鲁番附近有两座较大的城市——交河城和高昌城，汉唐时代都比较著名，后因河流改道，河水枯竭而先后废弃，成为仅存残墙断壁的土城废墟。这真是"沧海桑田"，水能兴邦，也能覆舟啊！

定叫舟楫通南北

相传在原始社会，为了渔猎的方便，人们使用石斧、石刀"刳木为舟"。商代甲骨文已有"舟"字。到了西周，出现了水上运输，《诗·国风·河广》上说："谁渭河广，一苇杭（航）之。"传说周武伐纣，曾率5万士兵、300战车在孟津横渡黄河，没有大量舟船是做不到的。

我国最早的水运，主要还是借助于天然河流。随着社会生产力的进一步发展和政治、军事、经济流动方面的需要，对水运提出了新的要求。由于我国天然河流多是东西方河，要沟通南北的交通，陆路运输载运量有限，海路运输当时条件尚不具备，风险很大。到了战国末期，便开始开凿连接南北的人工运河，以沟通长江、淮河、黄河和珠江几大水系。我国古代开凿的著名人工运河有邗沟、灵渠、鸿沟、济淄运河、关中漕渠、京杭运河等。

邗沟，又名邗江、邗溟沟、中渎水。它是我国第一条沟通江、淮的人工运河。春秋时代，吴王夫差打败楚、越两国以后，要北上与齐、晋争霸。吴国的主要军事力量是水军，于是在公元前486年，动员人力开挖邗沟。它是利用已有湖泊河流相互邻近的自然趋势，再开挖渠道巧妙地加以连接沟通。从现在看，即由扬州北上，过高邮湖，转向东北入博芝（今宝应县东稍南35公里）、射阳（今宝应、淮安两县东30公里）二湖，又折向西，经白马湖（今宝应县西北10多公里）到末口（在今淮安县北）入淮河。其大致走向为今日运河的路线。

邗沟建成后的当年冬天，吴王夫差即兴师伐齐。公元前484年夫差率军渡过淮河溯泗水北上，联合鲁国，在艾陵（今山东莱芜县境内）打败齐国。随即乘胜转师西向黄池（今河南省封丘县南），同晋定公会盟，争夺霸主。

由此可知，当时开凿邗沟，沟通江淮，主要是出自于军事上的需要。后代对这条人工运河不断加以维修改造，变成现今的里运河，成为南北大运河最早形成的一段河道。现在这段运河仍发挥着航运、渲泄淮河的洪水和里下河地区的内涝，以及南水北调输水等重要作用。

鸿沟是战国中期魏国兴修的一条人工运河。战国时，韩、赵、魏三家瓜分了晋国。魏国当时占有山西东南部和河南省的北部、东部、中部的大半，它西邻韩国，东界齐国、宋国，南与楚国接壤。魏惠王时，欲进一步控制中原，并向淮河流域中、下游扩张，于魏惠王十年（公元前361年）开始，从现在的河南省荥阳县西北的黄河南岸起，开凿了一条大沟通到圃田泽（位于今河南省郑州市东）。

圃田泽是古代大湖泊之一，"东西四十许里，南北二十许里"。后由于魏国从山西南部迁都大梁（今开封市），工程暂时停顿下来。至公元前340年又继续施工，从圃田泽向东开大沟达到大梁城，大沟从大梁城北绕城东向南延伸，接通沙水上游并继续向南开沟至淮南县东南接颍水。此大沟就是历史著名的鸿沟，全长250多公里。

秦末楚、汉相争，以鸿沟为界，中分天下，就是指的这条鸿沟。沟以东属于楚，沟以西属于汉。

鸿沟修通后，引黄河水汇入圃田泽，以它作为鸿沟的天然调节"水柜"，连接济、濮、汴、睢、颍、涡、汝、泗等水，形成了黄淮平原上的水道交通网，对魏国政治、军事、经济的发展起了重要作用。

邗沟、鸿沟的开挖，为我国隋代修建大运河和元代开凿京杭运河作了准备，积累了丰富的经验。

秦建都咸阳，西汉建都长安，每年均要从东南地区调进大批粮食、物资以供京师之用。其运输路线需经过黄河，溯渭河而上进入都城。而渭河在咸阳东河段的河谷浅宽弯曲，航程长且时遇险阻，极不便于航运，从崤山以东到长安往往需要半年多时间。

汉武帝时，大司农郑当时提出了开通漕渠的建议，汉武帝采纳了郑当时的建议，令水工徐伯测量定线，征发了几万人施工，从长安县境开渠，引渭水沿着南山（即秦岭）东下，沿途收纳灞、产等水，渠长150多公里，三年建成。

漕渠建成后，便利了粮食运输，加上当时造船业已很发达，出现了长数十米的大船，大大提高了运输工效，从而使向关中的漕运数量大为增加。在汉高祖刘邦时，从关东漕运到长安的粮食每年不过数十万石，汉武帝时猛增到400万石，后来竟达到600万石。

汉代，从长安沣水昆明池开始，通过关中漕渠连接黄河，在荥阳黄河再接连鸿沟（后为为汴渠），连泗水通淮河，经邗沟通长江，从而把黄河、淮河、长江三条大河连接成为一体，初步构成了全国的航运干线，为后来隋炀帝开始凿大运河打下了基础。

灵渠又称兴安运河、湘桂运河，位于广西桂林市东北的兴安县境内。是秦始皇统一六国后，为进一步统一我国南疆而开凿的一条古老运河。

早在公元前219年，秦始皇便命负责转运军粮任务的史禄开凿运粮渠道，以保证军粮的运输。在史禄的主持下，前后共用五年时间，凿成灵渠，沟通了湘、漓二水。

灵渠工程设计非常巧妙，它利用湘桂走廊的地形，这里地势较低，而且南部的漓江和北部的湘江源头离得很近。南部漓江经桂林注入西江，北部湘江注入洞庭湖连接长江。漓江支流灵河和湘江上游海洋河两河相距最近处只有1.5公里，而且两河水位相差不超过6米，它们中间的分山岭只是一些相对高度约20米的低矮山丘。灵渠全长约33公里，主要工程建设有：铧嘴、天平石堤、南渠、北渠、陡门和秦堤等。铧嘴和都江堰的鱼嘴一样，起分水作用。因为海洋河的水量较大，灵渠主要是利用海洋河的来水。铧嘴建设在海洋河中并略为偏向左岸，尖端指向来水主流方向，把河水一分为两股，三分入漓，七分入湘。天平堤紧接铧嘴的下游，呈人字形延伸，形成南北两条水道，北渠（入湘江）一侧堤长380米，为大天平，南渠（入漓江）一侧堤长120米，为小天平。天平用条石砌成，内高外低，形成斜面，堤顶低于两侧的河岸。石堤既可拦水，又能泄洪，使渠内水流涨而不溢，枯而不竭，起了保证航运安全和水量的作用，因此人们称其为"天平"。南渠从分水天平起，往西南走，在兴安县城西北纳入灵河，汇入漓江，长约30公里；北渠向西北注入湘江，长约4公里。为了减少河道的比降，北渠开挖得迂回曲折，使流速变缓，便于行船。陡门是在河道较浅、水流较急的地方，于两岸用石块砌成的半圆形石磴，有船通过，按顺序启闭，使水位抬高，让船一级一级地爬坡，相当于今天的梯级船闸。据记载在明代南北渠中共有36个陡门。秦堤建在南渠的右岸，长约2公里，起挡水拦洪作用。灵渠修通以后，船只便可以从湘江溯流而上，经过北渠，绕过铧嘴，进入南渠，下航至漓江、西江，从而连接了长江和珠江两大水系。从秦汉到明清，灵渠的"巨舫鳞次"，舟楫相随，成为沟通南北的重要水道。直到湘桂、粤汉铁路修通后，灵渠的水运才日渐衰落。

大运河又称京杭运河，是世界开凿最早、里程最长的人工运河。它北起北京，南至杭州，纵贯京、津二市和冀、鲁、苏、浙四省，沟通海河、黄河、淮河、长江和钱塘江五大水系，全长1794公里。

人们往往把大运河的开挖归功于隋炀帝，其实这一宏伟工程是从春秋战国至元、明、清分期完成的，而且元明清的京杭运河与隋炀帝时代的南北大运河走线也大不一样。开凿最早的一段是公元前486年吴王夫差组织开挖的邗沟。

至隋代，隋文帝开皇七年（公元584年），对邗沟长150公里的河道进行了疏浚加宽。隋炀帝大业元年（公元605年），为了解决京师洛阳的用粮，以及南下江都（扬州）玩乐，征调几百万人，以洛阳为中心，大力开凿运河。工程首先从洛阳引谷水、洛水入黄河，在荥阳至开封之间对汴渠进行疏浚、加宽、改建，至开封以东，与原汴渠分道，直趋东南另开新渠，即新开挖了通济渠。然后，向东南往今商丘、宿县、盱眙北入淮河，南接邗沟，同时再次疏通了邗沟，沿河修筑了御道。这就是隋代大运河的南段工程，从洛阳至江都全长1100公里。

后来，为征高丽，又以蓟城（今北京）为基地，于公元608年动用了上百万人工开凿永济渠。该渠是在三国时期魏国所筑旧渠的基础上，利用部分天然河道建成的。它南引沁水通黄河，北引沁水向东北流，经过河南新乡、汲县、滑县、内黄诸县至河北魏县、大名、馆陶、临清、清河等县抵山东武城、德州，仍入河北境内，经吴桥、东光、南皮、沧县等地，至天津附近，再西北行，最后到达北京。永济渠长约1000公里，能通大型龙舟。大业七年（公元611年），隋炀帝发兵征高丽时，不仅亲自乘龙舟通过济渠北上，还利用永济渠运粮、运兵甲及攻取之具，舳舻相次千余里，往还于道常数十万人。

在此之前，大业六年（公元610年）隋炀帝还征调人力、物力开掘江南运河，由京口（今镇江）到余杭（今杭州），长400余公里。

通济渠、永济渠、江南运河相继建成后，形成了以洛阳为中心，南起杭州，北至北京，连接五大水系，长达2500多公里的水上运输网，对南北交通起了十分重要作用。从隋朝至北宋，每年从东南富庶地区向北方运送粮食在200万石以上，北宋时最高达800万石，可以说是唐、宋王朝给养京师的生命线。而运河沿岸的杭州、扬州、镇江、开封也都成为古代著名的通都大邑，商业荟萃之区。

隋代这条大运河，是以洛阳为中心，向西拐了一个大弯。至元代定都大都（今北京）后，它便显得不适用了。为了使京师的用水和江南粮食、物资能迅速运到大都，著名的水利专家郭守敬修筑了大都至通州的通惠河，又开凿了自济宁到东平湖的济州河，然后在隋代永济渠的基础上开凿了东平湖到临清的会通河。这样便使南北大运河不要再绕道洛阳，而从杭州经苏州、无锡、镇江、扬州、淮阴北上，过济宁，穿南四湖，过黄河，经临清、德州、沧州、通州直达大都，从而缩短航程1000余里。这就是后来的京杭运河。

这条运河对元、明、清诸朝在政治上的统一、经济文化上的交流与发展以及军事等方面均起过重大作用。元代时，江南运粮至京城，一路由已经发展起来的海运经天津至大都，一路由京杭大运河经山东至京城。到明代永乐年间，由于倭寇骚扰掠夺山东、江浙沿海，海运趋于衰落，大运河的作用显得更加重要。到清代末期，现代铁路的发展、海的畅通，加上黄河泛滥改道淤塞了运河的河道，京杭运河不能全线畅通，济宁以北的运河逐渐废弃，失去了光彩。

　　解放后，经过几次整治疏浚，目前运河通航约1000公里，其中近700公里在江苏省境内，1987年苏北运河货运量约3000万吨，大体相当于一条铁路的货运量。1989年1月又开通了京杭运河与钱塘江的联系，从而在南端以杭州为中心，建立了浙东航运体系。

现代内河航运

随着科学技术的突飞猛进，内河航运不仅没有丧失作用，相反，以其建设费用省、运输成本低廉，日益显出优越性，成为现代交通运输四大支柱之一。

许多河流，河道悠长，水量充沛，中下游地区地形平坦，流量稳定，河宽水深，特别是南方河流，常年不冻，为发展航运提供了优越的条件。再加上人工开凿的运河，自古以来就形成了江河湖海四通八达的水上运输网。特别是江淮和珠江三角洲地区，河网密布，城镇乡村之间都有舟楫往还，千百年来素有"南船北马"的称谓。新中国成立40年来，对一些河流的航道进行了整治，增建改造了码头设施，发展机动船舶，使我国内河航运事业得到了一定发展。

长江是我国内河航运量最为发达的河流，被称为"黄金水道"。长江干流，是沟通我国西南与华中、华东的运输大动脉。主要通航的支流有岷江、嘉陵江、乌江、汉江、洞庭湖水系、鄱阳湖水系、巢湖水系和太湖水系，并通过京杭运河与淮河水系连接，构成我国最重要的内河运输网络。长江水系大小3600多条支流，通航支流有700多条，干支流通航里程总计约7万余公里，占全国内河总通航里程的63%。

汉江是湖北沟通陕南和河南的主要水道，从白河到武汉长858公里的河段全年可以通航。从武汉上溯，乘船可达平西的汉中和河南的南阳。目前襄樊至沙洋河可通航300吨级的客货轮，沙洋以下可通航500吨级客货轮。清江目前仅茅坪至宜都153公里河道，可通航20～30吨级船队。

洞庭湖水系以洞庭湖为中心，湘、资、沅、澧四大支流为骨干，构成四通八达的水运网，通航里程为1.15万公里，其中轮船航道为2628

公里。湘江是洞庭湖水系最大河流，从衡阳到濠口长338公里的河段，可通航100吨级上的船舶。

长江三角洲地区以京杭运河南段为骨干的太湖水系，处于土地肥沃、人口密集、工农业产值高、经济繁荣的上海经济区，经过沿河建闸和结合水利建设新开或拓宽航道，已形成通航里程达1.2万余公里、可以航行50～100吨级船舶的航道网，为长江水系支流中航运最繁忙的地区。

长江水系目前拥有运输船舶25万多艘，干流已有港口54个，共有舶位1294个。货运量由1952年的3600万吨，发展到1987年的4.6亿吨，其中干流货运量为1.3亿吨，旅客运输2.05亿人次。但长江水系由于多数航道尚未很好整治，上、下游干、支流航道条件悬殊，多数港口设备简陋，装卸效率低等不利因素，还远没有发挥出应有的运输潜力。长江流域规划办公室提出用15年或稍长的时间，经过建设和技术改造，初步实现航道、主要港口、船舶、通讯、导航的现代化。在干流上游修建水利枢纽，渠化河流，淹没滩险，扩大水域尺度，改善水运条件；中下游通过疏浚整治，稳定河势，改造支汊，固定岸线，以及开凿新的运河，逐步形成以长江干线为主体、干支流畅通、江河湖海相连、四通八达的水系航道网，提高长江水系的航运能力。

珠江是华南地区最大的水系。珠江水量丰沛，河口径流量相当于长江的1/3，含沙量少，为我国内河航运上仅次于长江的第二大动脉，是广西对外经济联系的重要通道，连接两广经济的主要纽带。珠江的航运主要集中于西江，其干支流现在通航里程约8010公里。

珠江三角洲水网密布，河道纵横，水流较深，沟通海洋，水运非常发达，其主要航道可通航100～1000吨轮船；自广州南航的水道可通航3000吨轮船，黄埔港航道可通航2万吨轮船。广州通过珠江黄埔港出海，可以沟通全国各沿海城市和世界各港，进行贸易往来。

淮河过去由于水系紊乱，河道阻塞，通航条件很差。经过建国以来40年的整治，疏浚旧河，开辟新河，修建水库和大型灌区，为航运创造了有利条件。现在淮河干流上，以蚌埠为中心，上溯可达河南省淮滨，下行至洪泽湖，可全线通航。再下行穿过洪泽湖，可达江苏淮阴，由淮阴进入京杭大运河，可直通长江，抵达上海。

黄河由于河道淤塞，流量季节变化很大，平水时河道水浅，加上中上游多峡谷、险滩等障阻，故其航运价值远不如长江、珠江，其干流只能分段通航。在青海贵德县以上基本不通航，贵德到宁夏中卫间仅通皮筏，刘家峡等水电站的库区可通汽艇。特别是刘家峡水库有块很开阔的水域，被称为"小太平洋"。从中卫经银川、内蒙古河口镇、晋陕间的龙门，直到河南孟津，其间局部河段可通木船。

黑龙江干流及其主要支流松花江，是东北地区可通航的主要水道。黑龙江从漠河以西的恩和哈达到伯力之间长1890公里的河道，每年5—10月不结冰期间可通航100吨以上的船舶，但目前利用不大。航运利用较多的是松花江，流经黑龙江、吉林两省的主要城市及农业区，加上其水量充足，水流比较稳定，并与铁路交叉分布，航运较为发达。松花江干流自哈尔滨以下，可通航1500吨左右的大型江轮，其货运量以农产品、木材、煤炭为主，已成为铁路的重要辅助运输手段。

澜沧江下游在西双版纳境内157公里的河段可通航30～50吨机动船舶。雅鲁藏布江拉孜至泽当的400公里以内，可以通行皮船和木船。闽江流域可通航里程约1800公里，在水口以下的干流河道可通行100吨左右的货轮。钱塘江上轮船可以从杭州直达上游的兰溪市和新安江大坝，新安江水库内可通行机动客货轮。北冰洋水系的额尔齐斯河从布尔津至俄罗斯境内，在不结冰期间亦可通小型客货轮。

共工和大禹治水防洪

河流既为人类生存和文明发展提供重要条件，同时也给人类带来洪水灾害。人类从利用江河那天起，就揭开了与洪水灾害作斗争的历史篇章。由避害趋利到除害兴利，由堆土挡水、抵御洪水，到建堤筑坝、引水灌溉、开山挖河、发展航运，一座座水利工程犹如一座座丰碑记载了我们祖先的智慧和勇敢。

我国防治洪水主要是从黄河开始，并且也是历史治水的重点，这是由自然和历史客观因素所决定的。南宋以前，黄河流域一直是我国政治、经济、文化活动的中心地区，古都长安、洛阳、开封均处于黄河流域。同时，黄河的洪水危害极大，经常泛滥并决口。

我国古籍中关于黄河的水灾屡书不绝。《尚书·尧典》描述早在公元前2000多年尧帝时黄河的洪水是"荡荡怀山襄陵，浩浩滔天"。《孟子·滕文公》曰"洪水横流，泛滥于天下"。商汤时代，为了躲避黄河洪水泛滥，曾于公元前1983年、1525年、1517年和1388年四次迁都。据史书记载，从公元前602年到公元1938年的2540年中，黄河决溢次数多达1590余次，史称"黄河三年两决口"，重要改道26次，大型迁徙改道7次，每次决口和改道都造成很大的损失。

为了制服黄河的洪水，早在4000多年前就出现了传说中的共工氏、大禹等治水英雄。汉以后，又涌现出王景、贾鲁、潘季驯、靳辅、陈潢等一批懂科学技术、有胆有识的著名治水专家，他们为治黄事业作出了杰出的贡献。

共工氏是远古传说中的治水先祖。相传共工氏部落住在今河南辉县一带，那时的黄河出孟津后向东北流去，奔腾于广袤的平原上，无所约束，四处游荡，危害着共工氏部落的安全。于是共工氏领导百姓采取"壅防百川，堕高堙庳"的方法，把高处的泥土石块搬运下来，在离河一定距离的低处，修建简单的土石堤埂，防止大水漫流泛滥。共工氏治水取得了成功，在各部落中享有较高的声誉。据《尚书·尧典》记载，在一次部落联盟会议上，尧提出要推举一个能帮助执政的人，众人推举共工氏，说他治水有功。甚至当时连水官的职称也改用"共工"这一名称。共工氏成了治水的世家，传说他的儿子句龙，能平九土，很有功绩，得到"后土"的名位，其后代子孙四岳，也曾帮助过大禹治水。

共工氏治水后，又发生特大洪水。尧召集部落首领会议，讨论治水问题，大家推荐部族首领鲧主持治水工作，尧乃封鲧为崇伯。鲧仍沿用共工氏的老办法治水，《国语·鲁语》记载"鲧障洪水"，即筑堤堵水，并用堤埂把居民区与田地保护起来。这种方法对待一般的洪水可以，但碰到特大洪水就无法抵御。鲧治水遭到了失败，因此受到了制裁，被舜杀死于羽山。

舜继尧位后，又召集部落首领会议推举鲧的儿子禹主持治水工作。禹是一位勤劳勇敢、聪明智慧的人，他吸取了鲧失败的教训，努力探索新的治水方法，并找到伯益、后稷和四岳等部落首领做助手。传说他同涂山氏女结婚后，生下儿子启不久便离家去治水。《史记·夏本纪》载："禹伤先父鲧功之不成受诛，乃劳身焦思，居外十三年，过家门不敢入。"

禹为了治水，跑遍了全国各地，最后死在浙江。现在绍兴县城会稽山门外尚有大禹陵，旁边建有禹王庙。

大禹治水用的是疏导法"高高下下，疏川导滞"。他利用水从高处往低处流的自然趋势，顺地形把壅塞的川流疏通，把洪水引入已疏通的河道、洼地或湖泊，平治了水患。大禹治水有功，成为人们心目中崇拜的英雄，后世越传越神，留下了许多大禹治水的神话传说。如伊水流过的伊阙，被说成是禹用神斧劈开的；山西、陕西之间的黄河龙门，贺兰山麓的黄河青铜峡，也被说成是禹开凿的；还说禹去探求河源，曾堆起一堆石头作标志，这就是今天的积石山；黄河三门峡中的神门、人门和鬼门，传说是大禹开凿的，并在鬼门岛上留下了马蹄印记；长江三峡为大禹所劈。

　　这些显然都是后人附会的。在大禹治水的年代，生产工具简陋，也许能够开凿、疏通一些一般的阻流障碍，要开辟长江三峡和黄河龙门这样的峡谷是根本不可能的。后来，大禹被舜选为继承人，担任了部落联盟的领袖。死后其子启继承了王位，中国王朝的世袭制便由此开始，一直延续了数千年。

古人以水代兵

夏、商、周各代，主要是修筑简单的堤防来抵御洪水，到春秋战国时，各国诸侯为了自己的利益，经常以水抵兵。

据历史记载：魏惠王十二年（公元前359年），楚国出师伐魏，决黄河水灌长垣；赵肃侯十八年（公元前332年），齐、魏联合攻打赵国，赵国决河水灌敌；赵惠文王十八年（公元前281年），赵国派军队至魏国东阳，决河以淹魏军；秦皇政二十二年（公元前225年），秦将王贲率军攻打魏国，引河沟水灌大梁（今开封）等。

这种以水代兵的事例很多。互相筑堤、拦堵洪水淹灌别国更是屡见不鲜。在《汉书·沟洫志》中记载这样一个事例：齐国因地势低，首先修起了堤防，洪水自西向东的流路被齐国堤防挡住，就要西泛赵国和魏国，赵、魏便也修筑堤防。

为了解决这种以邻为壑、以水代兵的危害，春秋五霸之一的齐桓公会诸侯于葵丘，把这个问题作为重要议事之一，制定了"无曲防"的禁令。它主要是指沿河筑堤，不许只顾自己不顾全局，贻害别的国家。

秦始皇统一六国后，下令"决通川防，夷去险阻"，就是把阻碍水流的工事和防碍交通关卡拆除，把黄河各段分散的堤防连接成为统一的堤防。

古代的"治黄"专家

东汉王景在治理黄河上是一个功绩卓著的水利专家。西汉武帝时，黄河决溢频繁，公元前132年，黄河在瓠子（今濮阳县西南）决口，横流23年，两岸百姓深受其苦。

公元前109年，汉武帝下决心堵塞决口，并亲临堵口现场，命令随从官员自将军以下都背着柴草参加堵口，终于堵住了决口。

但没过多久，黄河又在馆陶决口，向北冲出一条新河，在今黄骅县境入海，形成黄河下游一条长750公里的支岔，与正河并行70年之久。

东汉初期黄河灾害更大，永平十二年（公元69年）东汉王朝决定派王景治河。王景学识渊博，"广窥众书，又好天文术数之事，沉深多技艺"。在从事治黄之前，他已经积累了成功地修汴渠的实践经验，对于治黄的利害得失也有较深入的了解。他主持治河工程以后，组织动员了数十万人参加，施工整整一年，从荥阳东至入海口修筑了千余里的堤防。《后汉书》载："永平十二年夏，遂发卒数十万，遣景与王吴修渠筑堤，自荥阳东至千乘海口千余里。景乃商度地势，凿山阜，破砥碛，直截沟涧，防遏冲要，疏决壅积。十里立一水门，令更相洄注，无复溃漏之患。景虽简省役费，然犹以百亿计。明年夏，渠成。帝亲自巡行，诏滨河郡国置河堤员吏。"

王景同时治理了决溃60余年的汴渠，"筑堤、理渠、绝水、立门，复其旧迹，陶丘之北，渐就壤坟"。王景这次治河同时治汴取得了巨大成功，技术上也有新的创造。他系统修建了千里黄河大堤，稳定新的河床，使新河行洪路线缩短，比降加大，水流挟沙能力增强。他加强了对黄河下游全线堤防的维修管理，使黄河从东汉至唐末800年间处于相对安流的状态，近千年的时间内无大型改道。在治河同时，他修整了汴渠，在多沙河流上采用了多水口形式引水的技术。

汉代除王景治河卓有成效外，治河技术也有较大的发展。在河南武陟至河北大名间的相当多的险要堤段修筑了石块护堤及挑流建筑，抵抗水流对堤防的冲击；在瓠子堵口时，采用了先在决口处打入竹桩，逐步加密，然后填塞稻草，最后以土石填堵的新技术；西汉宣帝时黄河在濮阳至临清间形成三道大变，郭昌主持治河，对这段河道实施了截弯取直工程。

元代贾鲁也是一个治理黄河有功的人物。

元代河患严重，至正四年（公元1344年）五月，黄河在白茅口（今山东曹县境内）决口，六月又北决金堤，泛滥达七年之久，受水患之害的有济宁、单州、虞城、砀山、丰县、沛县、定陶、曹州、巨野、郓城等十八个州县，灾情十分严重。

水灾后，都水监贾鲁奉命巡视河情，考察地形，往复数千里。他提出两条治河建议：一是修筑北堤；二是疏塞并举，使黄河复归故道东流。

公元1351年，朝廷任命贾鲁任工部尚书总治河防，征调军民17万人，开始进行治河工程。贾鲁治河主要措施是疏、浚、塞并举，先疏浚减水河道140公里；然后在归德府至徐州路150多公里堤段修治缺口107处，培修北岸堤防100多公里；最后采用沉船方法堵口，"逆流排有船二十七艘，前后连以大桅或长桩，用大麻索、竹絙绞缚……乃经铁锚于上流碇之水中"。船内贮满石块，将船一齐深入水中，遏制决口再在上面加修大埽，从而一举堵住了泛滥七年之久的决口，使黄河回到故道。

明代出了一个非常著名的水利专家，他就是潘季驯，其治河经验对后世有很大影响。从嘉靖四十四年（公元1565年），到万历二十年（公元1592年），潘季驯曾经四次主持治河工作，历时共达10年之久。他上至河南、下到南直隶，多次深入治黄工地，对黄河、淮河、运河进行大量的调查研究，总结了前人治河的经验教训，提出了对黄、淮、运三河综合治理的原则。

他认为黄河最大的问题是泥沙，提出了"筑堤防溢，建坝减水，以堤束水，以水攻沙"的治黄方案，用筑堤来约束水流，让水冲刷河底，使泥沙不致沉积河底而抬高水位。他还创造性地将堤防工程分为遥堤、缕堤、格堤、月堤四种，因地制宜地在黄河两侧配合运用。遥堤离河槽较远，其作用是挡住洪水。遥堤之内紧靠主河槽修筑缕堤，以约束水流在河槽内，免其在河滩上漫流，使水流不断冲刷河床，减少淤积。遥堤和缕堤之间修筑垂直水面的格堤，以备缕堤溃决时，水流被阻止在一格之内，免其泛滥横流，水退本格之水仍回归河槽。在缕堤的弯曲险段修筑月堤，以防御洪水的冲刷。

潘季驯在第四次主持治河时，组织了大量人力筑堤，将黄河两岸的堤防全部连接起来并加以巩固，使黄河河道基本趋于稳定。此后，一直到现在的治水专家都对潘季驯的治水功绩和他提出的"束水攻沙"的理论表示钦佩和赞赏。

到了清代，又涌现了杰出的治黄专家靳辅和陈潢。康熙执政初期，黄河南流的河道日益恶化，不断决溢为患。尤其康熙十五年（公元1676年），黄、淮并涨，奔腾四溃，决口34处。次年康熙调安徽巡抚靳辅为河道总督，开始大规模治理黄河。

靳辅办事认真，特别是他的幕僚陈潢，出身贫困，青年时代就留心"经世致用"之学，曾对黄河作过实地调查，一直上行到宁夏一带，了解黄河河防最怕伏秋大汛，提出治水"惟有顺其性而利导之一法耳"。

靳辅采纳了陈潢的意见，亲临现场了解黄淮两河河道堤防情况和水患原因，并沿途向有实践治水经验的人求教，然后系统地制定出治理黄、淮、运的全面规则：疏浚河道，堵塞决口，坚筑河堤，闸坝分洪，修守险工，疏浚海口。

经过靳辅、陈潢11年的治理，"黄河故道次第修复"，"漕运大通"，决口泛滥灾害大大减轻。

古代的水利建设

以农业立国的古代社会，农业是基础，保证农业的丰收是固国安邦之本。开渠、修塘、发展灌溉，是战胜自然灾害、保证农业丰收的重要条件。我国古代修筑了都江堰、芍陂、郑国渠、坎儿井等著名的水利工程，不少工程至今还在发挥着作用，是祖先留给后人的宝贵遗产。

芍陂，又名安丰塘，位于安徽省寿县城南30公里，是我国最早的大型蓄水灌溉工程。

芍陂最初兴建于楚庄王时期（公元前613年至前591年），距今约2500年，是楚国令尹孙叔敖主持修建的。孙叔敖当令尹后，为了楚国的强兵足食，称霸中原，大力发展农业，兴修水利。他选择淮南地区有利的天然条件，沿着淮河南岸，由东及西，从史灌河、泉河、沣河、汲河而达淠河、淝河，组织动员人力兴修了一系列的陂塘灌溉工程，芍陂就是其中规模最大的一项工程。由于芍陂的作用，寿春一带农业大大增产，逐步成为楚国的经济要地。三国时，魏国为战争需要，曾在芍陂屯田，曹操先后派扬州刺史刘馥、大将邓艾领导整治芍陂。邓艾为了扩大蓄水能力，增加灌溉面积，在芍陂旁又修建了小型陂塘50余处，在芍陂北堤凿大香门通淠河，增加水源，开芍陂渎引水通淝河，以利大水时泄洪，从而使寿春一带农业增产。

隋唐统一中国后，对久已荒废的芍陂进行了大规模的治理，增建为36水门，大大地提高了灌溉能力。以后芍陂几兴几废，到清代有700%的塘身被垦为田。解放前夕，正常年景蓄水量不足1000万立方米，可灌面积仅六七万亩。解放以后，对芍陂进行了大力整修，50多公里塘堤改用块石护坡，并几次疏浚，目前蓄水量已达1亿立方米，百日无雨，保灌农田面积可达63万亩。

漳水十二渠，又称西门渠，在魏邺县，即今河北磁县和临漳县一带。邺县正处在漳水由山区进入平原的地带，由于地势和降雨的关系，漳河水有暴涨暴落的特点，因而经常泛滥成灾。当地土豪和巫婆勾结起来，利用洪水灾害，胡说漳河水患是由于河神显灵，须选择美女给河伯为妻，借机横征暴敛，坑害人民。魏文侯二十五年（公元前421年），西门豹为邺令，狠狠打击了土豪势力和迷信活动，并领导百姓修建了防洪和灌溉的漳水十二渠，引漳河水灌溉农田。引水灌农田不仅可以解除干旱，并能补充养分，因而邺县农田"成为膏腴"，粮食产量得到提高。

都江堰是我国古代最著名的水利灌溉工程，与万里长城、京杭运河齐名，被列为我国三大古老工程之一。四川成都平原能成为"天府之国"，除有利的自然条件之外，与都江堰工程兴建是分不开的。

都江堰位于成都市西北都江堰市的玉垒山下，岷江于这里流出崇山峻岭进入平原地带。秦昭襄王五十一年（公元前256年），蜀郡守李冰为了治理岷江水害，经过精心勘测，主持修建了都江堰水利工程。都江堰工程的建设，其地理位置的适宜，规划的完美，布局的合理，工程用材的得当等，就今天看来也都是非常科学的。

都江堰工程建筑包括百丈堤、鱼嘴、金刚堤、飞沙堰、人字堤和宝瓶口等部分。它通过鱼嘴分水，宝瓶口引水，飞沙堰和人字堤溢洪排沙，形成一个功效宏大的"引水以灌田，分洪以减灾"的灌溉、防洪系统。

都江堰工程就能灌溉蜀、广汉、犍为三郡的300多万亩耕地，使蜀国沃野千里。天旱时，引水浸润灌溉，雨多时，堵塞水门，这样"水旱从人，不知饥馑，时无荒年，天下谓之天府"。都江堰工程修建和管理使用的科学性，至今仍令人赞叹不已。后人为纪念主持治水的功臣李冰父子，在都江堰工程东面的山腰修建了雄伟的二王庙。解放以后，都江堰经过改造扩建，在下游修建了调蓄水库，目前灌溉面积已发展到1000万亩。

郑国渠也是秦代修建的一项伟大水利工程。它位于陕西关中地区，是在秦始皇元年（公元前246年）动工兴建的。

郑国渠是利用有利地形实行自流灌溉的工程。干渠自西向东处于灌区的高地，然后通过支渠引水到田间，全部实行自流灌溉。它还采用原始的简易渡槽，解决了横跨诸河流的问题。这在当时来说，显示了高超的技术水平。郑国渠建成后灌溉面积达4万顷之多，约合现在的280万亩。

在关中地区，继郑国渠以后又修建了一系列的引水工程：汉武帝元鼎六年（公元前111年），修建了六辅渠，"以益溉郑国傍高仰之田"，即灌溉郑国渠自流灌不到的农田。汉武帝太始二年（公元前95年）又修建了一项引泾灌溉工程——白渠，在郑国渠以南，灌溉泾阳、三原一带农田4500余顷。后来白渠与郑国渠齐名，人们常把它们合称郑白渠。

到了唐代，郑国渠基本埋废，白渠的灌溉面积也开始缩小。宋元时期，郑白渠又有所恢复。此外，东汉永和五年（公元142年），在泾水下游阳陵县（今咸阳县东）修建了一个引泾水工程叫樊惠渠。汉代还修建了眉县引渭水东北流至兴平县的蒙龙渠。三国时魏青龙元年（公元233年）发展为成国渠，唐代成国渠灌溉面积达2万顷。后来不断改建，其利不断，一直演变到今日的渭惠渠。

在宁夏一带，汉代为了抵御匈奴入侵，在宁夏地区驻军10万余人。为了解决运粮的困难，便在河套一带开展屯田。从汉武帝元狩四年（公元前119年）起进行屯田的同时，开始兴修水利工程，引黄河水灌溉河套地区的农田。

现存的汉渠、汉延渠均建于汉代，现在都是长达百里，灌溉面积10万亩以上的渠道。古人称"黄河百害，唯富一套"，可见河套地区（包括内蒙古）灌溉工程得益之累。

坎儿井也是我国古老的水利工程之一，与都江堰等齐名，主要分布在新疆地区。据说它起源于我国汉武帝时。当时劳动人民为了发展灌溉事业，改造盐碱地，在今陕西大荔县开挖龙首渠时，发明了井渠法。

龙首渠穿过铁镰山时，开挖了穿山隧洞，为了增加工作面，中间加了几个竖井。竖井深数十米，井与井之间用隧道沟通，全长3.5公里，称为井渠法。这种隧道施工法是世界水利科学史上的一个创举。以后这种方法被推广到甘肃、新疆等地。

新疆干旱少雨，水源多来自高山融雪，戈壁渗漏严重，大部分雪水渗入地下，地下水埋藏较深。为了将渗入地下的水引出，供平原地区灌溉，使之不在渠道中渗漏、蒸发掉，新疆人民创造了特殊的灌溉工程坎儿井。

我国新疆地区坎儿井的暗渠全长达3000公里以上，现在主要分布在哈密、吐鲁番、鄯善和托克逊四县，共灌溉约30万亩土地，约占这四个县全部灌溉面积的30%，使这些地区成为盛产葡萄、哈密瓜、长绒棉的地方。

现代的"综合治理"

进入现代社会，水利问题更加重要。它牵涉到国民经济各个部门。农业离不开水，航运离不开水，城镇人民生活和工业的发展同样离不开水。治理江河，除害兴利是新中国国民经济发展的重要方略之一。毛泽东、周恩来等国家领导人无不为江河的治理、防洪、抗旱、水力发电千方筹划、日夜操劳，亲临大江大河和重要水利水电工程视察，调查研究治水规律。长江、黄河和官厅、密云、三门峡、龙羊峡、葛洲坝、白山等一些著名水利水电工程都留有他们的足迹。

50年代，全国人民代表大会审议通过治理黄河的规划，党中央成都会议专门讨论了三峡水利枢纽和长江流域规划的报告。

1988年六届人大第二十四次常委会审议通过了《中华人民共和国水利法》，这说明我国河流的治理和开发利用进入了一个新的时期。尤其对长江、黄河、淮河、海河、珠江、辽河、松花江等大江大河进行了防洪除涝、引水灌溉、发展水运、开发水能等综合治理，取得了巨大成就，同时涌现出一批有卓著功绩的水利专家。

随着时代的前进、经济的发展，各江河中下游地区人口密度越来越大，城镇的工农业经济设施越来越多，一旦河堤溃决，江河泛滥横溢，将造成巨大的损失，所以防御大江大河的洪水灾害仍是当前治理江河的首要任务。

解放后，我国先后成立了长江、黄河、淮河、海河、珠江、松花江、辽河等流域规划治理委员会，负责统一规划、综合治理的统筹工作。

国家历年拨出的巨款，加固和修筑了各大江河的主要堤防共4.6万公里，一般堤防12.9万公里，修筑了大批分洪区、滞洪区和拦洪、泄水闸坝，建成大小水库8万多座，总蓄水容量4500多亿立方米；并成立了在国务院领导下，由水利、交通、财政、物资和中国人民解放军总参谋部等部门参加的防汛总指挥部，统一指挥全国各大江河的防汛和抢险工作。

新时期以来，我国的水利建设随着现代化的步伐突飞猛进，取得了更为可喜的成就。

现代"治黄"有成效

　　多灾的黄河被外国学者称为"中国的忧患"，一直是我国防洪的重点河流。新中国成立以后，对黄河进行了大力治理。首先，加固加高黄河堤防。随着河床的不断淤高，对黄河下游两岸1800多公里的大堤，先后进行了三次全面加高培厚，共动用土方7亿多立方米，石方1400多万立方米。用这些土石堆成1米高1米宽的墙，可以绕地球赤道17.5圈，这相当于建筑了13座万里长城。改建和新建防御洪水冲刷的危险工段139处，坝、垛护岸5184个，共长315.7公里。如今千里黄河大堤宛如两道水上长城，紧紧束住了这条桀骜不驯的黄龙。

　　黄河下游河道上宽下窄，在河南省境内，两岸大堤之间的距离一般为10公里，最宽处达20公里。到了山东境内河道最窄的地段仅300多米，形成排洪能力上大下小的矛盾。为此，从50年代开始，在艾山以上先后开辟了北金堤滞洪区，修建了东平湖水库。

　　北金堤滞洪区，是利用河南省濮阳、范县、台前等县北靠金堤、南临黄河2000多平方公里的天然洼地修建而成，可容纳洪水20亿立方米，在濮阳县黄河大堤上则建筑了过流量1万立方米/秒的分洪闸。每当预报花园口将发生大于2.2万立方米/秒的大洪水，艾山以下河道无法渲泄时，就可打开分洪闸，将黄河洪水分流到滞洪区，等洪水过后，再打开滞洪区下游张庄闸门，让蓄留在滞洪区的洪水退回黄河。

　　东平湖水库位于山东省黄河南岸的东平县和梁山县境内，总面积为632平方公里，建有5座进洪闸，设计分洪能力为1.1万立方米/秒，有效滞洪库容为20亿立方米。洪水过后，滞留在水库的水可以通过下游闸门回归黄河。从1971年开始，在北岸齐河和南岸垦利又修建了两处堤距展宽工程。这两项工程对保证济南市和河口地区胜利油田的安全具有重要意义。

解放以来，在黄河干支流修建了三门峡、刘家峡、龙羊峡等一大批大中型水库，大多具有防洪、灌溉、发电等多方面效益。

经过40年不懈的努力，今天在黄河上已初步形成了"上拦下排，两岸分滞"的防洪工程体系，改变了历史上单纯依靠堤防、守堤抢险的局面，大大提高了防洪能力，取得连续40年伏秋大汛不决口的伟大胜利。

1958年花园口水文站测得洪峰流量2.23万秒立方米，超过历史上著名的1933年洪水。但在周恩来总理亲自指挥下，经过200万军民的严密防守，没有发生决口。而1933年洪水灾害，使黄河南北两岸决口54处，淹没冀、鲁、豫、苏四省67个县，1.1万多平方公里，灾民364万，死亡1.8万人。

治理黄河的关键是泥沙问题，要保证下游地区的安全，必须搞好中游的水土保持工作。只有坚持不懈地在中游黄土高原上大力开展造林、种草等绿化工作，逐步控制水土流失，减少入河泥沙才是治黄之本。

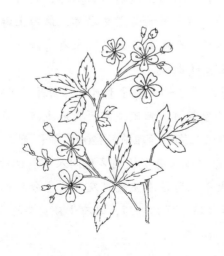

"上拦下引" 治海河

海河历史上也是一条洪涝灾害频繁的河流。由于海河独特的扇形水系，汛期来水集中，因此每逢较大洪水，下游河道经常决口成灾。

根据近500年资料统计，海河流域曾出现涝年135年，其中连续2～4年洪涝的共计84年。17世纪以来出现大洪水年份有19次，本世纪发生大水年份为1917年、1924年、1939年、1956年和1963年。每次大洪水淹没耕地一般在2000～3000万亩，严重年份达5000万亩以上。特别是下游天津，在1368—1948年的580年间，共发生水灾387次，城区被淹70多次。

新中国成立以后，对海河进行了大力治理，在上游山区修筑拦洪水库，在下游增辟洪水入海出路，同时修筑堤防，开挖排涝河道。60多年来，在各支流上修建了水库1900多座，总蓄水库容量为300亿立方米。其中蓄水量超过1亿立方米的大型水库有30座，著名的有：永定河上游的官厅水库，潮白河上游的密云水库，大清河上游的西大洋水库、龙门水库，子牙河上游的黄壁庄水库，漳河上游的岳城水库，蓟运河上游的邱庄水库。已做到各大支流上都有两三个大型水库，基本上控制了上游山区来的洪水。

在中下游地区疏浚了50多条骨干河道，新开辟了8条入海河道，它们是永定新河、子牙新河、独流减河、捷地减河、漳卫新河、马厂新河等，使得海河排洪入海由治理前的1200立方米/秒扩大到现在的2.5万立方米/秒，由一条水道入海发展到多尾同入海。这对保卫北京、天津及下游城镇和广大平原地区农业生产及人民生命财产的安全，保证京广、京山、津浦等铁路干线的畅通，具有十分重要的作用。

"蓄泄兼筹" 修淮河

淮河本来是一条通畅安定的河流。在公元13世纪以前，淮河在今涟水东面的云梯关流进海洋。入海口门水面深阔，宽深的河道足够排泄上游的来水。上游地区的土壤侵蚀也不十分严重，河水含沙量不大，很少淤积，航运畅通，两岸引水灌溉便利。

公元1194年黄河南堤阳武决口，改道南行，经泗水入淮，拦夺了淮河的中下游，从此淮河遭到厄运，变成一条多灾多难的河流。

黄河的洪水在淮河到处泛滥，泥沙淤塞了淮河干流和许多重要支流，使淮河水系打乱，下游河床淤高，也像黄河一样成了"地上河"。淮河因此被迫改道从洪泽湖南流，变成长江的一条支流。

然而，这条流路也不顺畅，洪水一来，就在中下游的低洼处漫溢，水灾日益增多。据不完全统计，在1662—1722年的60年间，淮河流域平均每2年发生1次水灾；1746—1796年的50年及1844-1881年的37年中，平均每3年发生1次水灾；1916—1931年的15年中发生了4次水灾。新中国成立前，淮河流域2亿亩耕地中，经常受灾的达1.3亿亩。

新中国成立不久，1950年7月，淮河流域遭遇特大洪水，虽然经过党和人民政府组织大力抢救，仍造成严重的损失。1950年10月14日，中央人民政府国务院作出了关于治理淮河的决定，确定了"蓄泄兼筹"、"综合治理"的治淮方针。1951年毛泽东主席又发出了"一定要把淮河修好"的号召，从此揭开了新中国大力整治江河、根除水患的序幕。

为了拦蓄上游洪水，在淮河流域的山区和丘陵地区修建了大中小水库5000多座，比较著名的大水库有：淠河东源上的佛子岭水库，总蓄水量4.73亿立方米，1954年建成。各水库总蓄水量230亿立方米，基本上控制了淮河流域上游山区的洪水来量。同时在平原地区利用湖泊洼地修建了10多处滞洪、蓄洪工程，可以滞蓄洪水280多亿立方米。

加固大堤是治理淮河洪水又一巨大工程。1950年以来，在淮河中游干支流共加高加固和新修防洪大堤1.5万公里，完成土石方2.2亿立方米。从安徽省颍河口到江苏洪泽湖的淮河干流淮北大堤，全长240公里的堤线上，堤顶普遍加宽到10米，堤身加高到6～10米。洪泽湖大堤和大运河东、西堤，经过几次加固，堤顶宽度达到6～12米，顶高超过历史最高洪水2.5米。

在加固大堤的同时，开辟新的排涝河道和入海入江水道，以疏导流路，加快洪水的排泄。在下游开辟的出海工程北部有新沭河、新沂河，中部有苏北灌溉总渠，南部整治了入江水道。新沭河全长71公里，在连云港以北入海，泄洪能力3000立方米/秒；新沂河从骆马湖东岸至灌云以东入海，长186公里，可泄洪6000立方米/秒。

这两条新河道，使北部沂河、沭河80%的洪水不再南流苏北，而东流直接入海。

苏北灌溉总渠，西起洪泽湖，东至滨海县以东的扁担港入海，全长168公里。它不仅可以渲泄1000立方米/秒的洪水直接入海，还可以浇灌两岸几百万亩农田。

入江水道是淮河洪水下泄的主要出路，它北起洪泽湖，南至江都三江营，过去迂回曲折，排泄不畅。新中国成立初期，在洪泽湖修建了长700米、泄水量1.2万立方米/秒的三河闸工程，使淮河入江水道的泄量得到控制。50年代以后，扩挖了入江水道，并先后兴建了万福闸、运盐闸、太平闸、金湾闸、芒稻闸等水利控制工程，使入江水道排洪流量从原来的8000立方米/秒扩大到1.2万立方米/秒。

在易涝地区开挖和拓宽了20多条泄洪排涝河道。淮北地区开挖了新汴河和茨淮新河，山东南四湖地区开挖了万福河、红卫河和洙赵新河等骨干河道。

扬州附近修建了大型抽水工程——江都水利枢纽工程，整座工程由4座大型电力抽水站、7个节制闸、3个船闸等工程设施组成，具有灌溉、排水、通航、发电等多方面效益。

1979年夏季，里下河地区暴雨成灾，140万亩水稻田淹没，江都4座抽水站全部开动，3天之内使受涝早稻全部得救，夺得了丰收。

长江中下游的治理

长江流经我国经济发达的腹地，是我国经济受益最大的一条河流。但是中下游地区的洪水危害也是非常严重的。两岸受堤防保护的12.6万平方公里的平原地区，由于地面高度普遍低于长江干流及其支流尾闾，每逢汛期洪水来临，极易成灾，其中尤以湖北荆江河段最为险要。

据史籍记载自公元前185年至公元1911年的2096年中，长江曾发生水灾214次，平均每10年1次。

1921年以来，发生较大水灾11次，约6年1次。每次洪灾都造成非常严重的损失。

中下游洪水灾害的原因，主要是暴雨形成的洪水，峰高量大，超过河道的通过能力，泛滥成灾。

长江中下游河段目前的安全泄量，荆江河段和城陵矶附近约6万立方米/秒，汉口约7万立方米/秒，湖口以下约8万立方米/秒，上小下大。可是宜昌以上的洪水来量，自1870年以来，超过6万立方米/秒的就有23次，而且历次最大洪峰量（1870年）曾达10.5万立方米/秒，当时在松滋口冲开了南岸江堤，洪水直泄洞庭湖，沿途庐舍荡然无存，受淹面积达3万多平方公里，损失惨重。

新中国成立以来，为解决长江流域洪涝灾害，国家花费了大量人力、物力、财力来加固堤防，修建分洪区、滞洪区，建设水库和排涝抽水机站。

在长江中下游平原地区，首先对堤防体系进行了整治改造。长江大堤上起湖北枝城，横贯湖北、湖南、江西、安徽、江苏，直至上海，两岸堤长共3100公里，是我国最长的江河堤防，主要分布在北岸。

除此之外，还有3万多公里密如蛛网的支堤、圩堤，分布在长江中下游许多支流和湖泊地区。其中，主要的大堤，如湖北荆江大堤、武汉大堤、江西九江大堤、安徽安庆同马大堤、芜湖无为大堤等，均已得到不同程度的加高培厚，形成了比较完整的堤防体系。

为了解决洪水临时的出路，又在长江上下游兴建分洪、蓄洪垦殖区，总面积达1万多平方公里，有效蓄洪容积为500亿立方米。这些分洪垦殖区，平时照样耕作，一旦某重要河段受到超安全水位的威胁有可能决堤时，就可以采取牺牲局部、挽救全局的措施。在中央防汛总指挥统一指挥下，把分洪区人民撤离到安全地带，然后打开分洪闸门，让洪水分泄一部分到分洪蓄洪垦殖区，从而减轻下游河段的危险。因此，它对整个中下游地区的防洪起着十分重要的作用。

荆江分洪区是长江流域建设最早亦最为著名的分洪工程，位于荆江南岸湖北公安县境内，面积920平方公里，可蓄洪60亿立方米。其主要工程包括：北端的太平口进洪闸（54孔、长1054米）、南端的黄山头节制闸(32孔、长336米)、泄洪排渍闸和200多公里的分洪区四周圩堤，共开挖搬运土石方1000多万立方米。这一宏伟工程仅用75天时间就顺利完成，成为我国水利史上的一个奇迹。当1954年7月下旬长江连续出现三次大洪峰，江水持续猛涨，荆江大堤受到极其严重的威胁时，荆江分洪区三次开闸分洪，最大分洪量达8250立方米/秒，确保了荆江大堤的安全。

在长江防洪方面，解放后还对一些河道进行了整治，以解决"肠梗阻"的问题。在号称"九曲回肠"的荆江河道实施了人工裁弯取直工程，1966年和1968年分别裁直了中洲子和上车弯两段河湾，加上1972年沙滩子发生的自然裁弯取直，使荆江河道缩短流程80公里，从而扩大泄量4500立方米/秒，提高了荆江大堤的防洪标准。

1998年7—8月，历史上最大的8次洪峰从这里通过，分洪区大堤承受了严峻的考验。

水库与农田灌溉

我国疆域广大，自然条件多样，地区之间降水很不均衡，南多北少，夏丰冬枯，这就决定着我国的农业生产不能完全靠天吃饭。早在春秋战国时代，我们的祖先就着手人工灌溉事业。都江堰、郑国渠、安丰塘等许多著名的水利工程，便是他们战天斗地所立下的丰功伟业的史证。

新中国成立以后，为了养活日益增加的人口，满足人民生活不断提高对粮食和经济作物的需求，国家视水利为农业的命脉，60余年来，国家共投资数千亿元，每年动员上亿民工兴修水利，挖河开渠，打井建站，修闸筑坝，拦河建库，不仅使许多古老的引水灌溉工程焕发青春，扩大了灌溉效益，并且还建设了一系列新的灌溉工程，为我国农业增产创造了基本条件。

8万多座水库，就像星罗棋布的明珠镶嵌在祖国大大小小的江河上。这些水库，大多兼有拦截洪水、引水灌溉、蓄水发电、供城镇用水和发展养殖水产业等多种经济效益，有的还成为旅游名胜。

位于湖北省汉江的丹江口水库，以一座高97米、长2494米的大坝拦腰截住汉江，在上游形成一座面积800多平方公里的人工湖泊，可以容纳290多亿立方米的蓄水，电站厂房装机6台，发电容量90万千瓦，设计年发电量38.2亿度。大坝建成后，1967年至1983年，汉江上游共发生1万秒立方米以上的洪水45次，其中11次被丹江口水库全部拦蓄，24次削减洪峰一半以上，使汉江下游两岸地区，累计减少农田淹没1039万亩。

丹江口水库通过渠道引水，灌溉湖北、河南两省农田130多万亩。此外水库航运和水产养殖等综合效益都很显著，每年产鱼一两千吨。

　　黄河干流上兴建的龙羊峡、刘家峡、三门峡水库，除防洪、防凌汛、发电外，每年春旱季节，还为下游河南、山东两省沿黄地区的城市和2000多万亩农田提供了10多亿立方米的水量。

水能是"白色的石油"

"不尽江河滚滚流，流的都是煤和油。"江河倾泻奔腾的巨流，蕴藏着无穷的能量，人们把水能资源称为"白煤"或"白色的石油"。

我国江河众多，许多大江大河从源头至入海口，一泻数千里，落差几千米，蕴藏着巨大的水能资源。据有关部门普查，全国水能资源总蕴藏量为6.8亿千瓦，可开发利用的为3.8亿千瓦，居世界第一位。

目前全国开发利用的只占7%左右，尚未开发利用的占绝大部分，因此，我国开发水能的潜力很大。但全国的水能资源分布不均，主要集中在西部地区。京广铁路以西占全国90%以上，其中又以西南地区为最多，占全国70%。

从省、自治区来看，西藏为全国之最，约占全国30%，其次是四川和云南，分别占全国22%和15%。人们还把水能资源比做矿藏，将蕴藏量集中的几个河段称为"富矿"区，主要有：长江上游金沙江河段，长江宜宾至宜昌的川江河段，长江支流雅砻江、大渡河、乌江等，黄河干流龙羊峡至桃花峪河段，珠江水系西江上游南盘江红水河河段，澜沧江和雅鲁藏布江等。

我国开始利用水能发电，兴建的第一座水电站是昆明附近滇池出口螳螂川的石龙坝水电站。

水电站于1910年7月开工，1912年4月开始发电，最初装机容量480千瓦，由德国礼和洋行承包勘测设计、建设安装和运行管理全部技术业务，并从德国西门子洋行购买全套设备。

自此以后的38年间，国民党政府在四川、浙江、福建、贵州、云南、陕西、甘肃、青海等省、区先后修建了42座几十千瓦、几百千瓦到二、三千千瓦的水电站，约半数建于抗日战争期间。1949年国民党撤退台湾时，几座较大的水电站如四川龙溪河上的桃花溪水电站（装机容量为876千瓦）、下洞水电站（装机容量为2990千瓦）均被炸毁。

日本侵略者侵占中国东北时期，为了掠夺中国资源，于1937年和1938年先后开工兴建了水丰、丰满、镜泊湖3座水电站。水丰电站建于鸭绿江上，设计规模为63万千瓦；丰满电站位于松花江上，设计规模为55.4万千瓦；镜泊湖电站建于牡丹江上，建设规模为3.6万千瓦。后来由于战争，三座电站的大部分设备被迁走或破坏。

1949年新中国成立时，全国水电装机容量总共才有16.3万千瓦，我国丰富的水能资源可以说根本没有得到开发利用。

新中国成立以后，先后三次对全国水能资源进行了普查，并对大江大河水能资源的开发进行了全国规划，积极开展水电建设。到1989年末，全国已建成大中小型水电站9万多座。其中25万千瓦以上的大型水电站19座。全国水电装机容量突破3600万千瓦，发电量超过1000亿度，分别比1949年增长183倍和142倍。

到20世纪末至21世纪初，为了满足经济建设对电力日益增长的需求，我国又集中力量开发经济价值比较高、淹没损失比较小、交通比较方便、往外输电比较容易的河流和河段，建设了一批新的大型电站。

葛洲坝水电站是在长江干流上建设的第一座水电站，被称为"万里长江第一坝"。它位于湖北宜昌市三峡的出口南津关下游约2公里处，大坝高47米，长2606.5米，装机容量271.5万千瓦，年发电量141亿度，是当时中国最大的水电站。葛洲坝工程可渲泄洪水量11万立方米/秒，是当时我国水电建设最大的工程。电站第一期工程于1970年12月开工，1981年元月完成大江截流，当年7月二江电站第一台机组发电，至1983年底7台机组全部投产完工。第二期工程于1982年开工，1986年大江电站开始投产发电，到1988年底14台机组已全部完成投产，葛洲坝工程基本建成。

龙羊峡水电站位于青海省共和县，是黄河上游梯级开发的龙头电站。一座高178米的拦河大坝使上游形成一座总蓄水量247亿立方米的大人工湖泊。电站安装4台32万千瓦的水发电机组，总装机容量128万千瓦，年发电量60亿度。该工程于1977年开工，1987年第一台机组投产发电，1989年装成4台机组。李家峡水电站位于龙羊峡的下游，安装了5台40万千瓦的机组，总装机容量200万千瓦。

漫湾水电站是开发澜沧江兴建的第一座电站，位于云南省云县，装机容量150万千瓦。隔河岩水电站位于湖北省长阳县的清江上，装机容量为120万千瓦，1986年开工兴建，1992年后投产发电。水口水电站位于福建闽清县的闽江上，是我国华东地区最大的一座水电站，装机容量为140万千瓦，1985年开工建设，1993年投产发电，对开发福建沿海地区以及保证华东电网安全运行作用重大。建设在第二松花江的白山水电站，目前是东北地区最大的电站，装机容量为150万千瓦。

二滩水电站，建在中国西南钢铁基地——攀枝花市附近的雅砻江下游。安装6台50万千瓦发电机组，装机容量为300万千瓦，年发电量162亿度。

三峡水电站坝址位于西陵峡内的三斗坪，在宜昌以上45公里处。这是一座举世瞩目的特大工程，其建设规模超过巴西和巴拉圭合建的伊泰普水电站（装机容量1400万千瓦，年发电量900亿度）而成为世界上规模最大的水电站。

长江三峡水电站是一座在防洪、发电、航运等方面都有巨大经济效益的工程。在发电方面，它可以供给华中、华东和川东广大地区的工农业用电，扭转这些地区电力供给严重不足的局面，减轻北煤南运的压力。在防洪方面，它可以控制长江上游全部来水，通过其巨型水库的调节，确保荆江南北两岸不会发生毁灭性洪灾。在航运方面，水库回水可以上溯涪陵、长寿一带，川江航道上宜昌至长寿河段的急流险滩基本被回水淹没，库区可以形成400～500公里的深水航道。宜昌以下，航道水深可以增加0.6米，中水期万吨船队可以从长江口直达重庆。

兴建这座宏伟的工程是近百年来几辈人的愿望。早在1917—1919年，孙中山在《建国方略》中就提出了兴建三峡水坝的设想。1943—1946年由美国著名工程师萨凡奇率领，中国一大批工程技术人员参加，对这项工程进行了勘测设计和规划工作，后来由于国民党政府忙于内战，此事无果而终。

新中国成立以后，毛泽东、周恩来等党和国家领导人非常关心这项工程的建设，毛泽东主席在1956年6月写下了"高峡出平湖"的著名诗句。周恩来总理在1958年初率领中央部委及有关省、市负责同志和部分专家，亲临三峡坝址查勘，并在同年3月党中央成都工作会议上作了《关于三峡水利枢纽和长江流域规划》的报告，通过了《关于三峡水利枢纽和长江流域规划的意见》。

20世纪70年代以来，三峡水利工程又提到党中央、国务院的议事日程，长江流域规划办公室围绕工程进行了长期的反复深入的调查、勘探、设计和科学实验，多次派人出国考察国外同类型的水电工程，先后提出了高坝、中坝、低坝多种设计方案，并邀请国内外著名的专家学者反复咨询和论证，从而提出了目前认为最优的方案，即坝顶高程185米，蓄水位175米，装机容量1786万千瓦的中坝方案，并对移民安置、泥沙处理、船闸建设、生态平衡等都作出了合理的规划。

龙滩水电站坝址位于广西天峨县的红水河上，这是红水河梯级开发最大的一个水电站和最大的一个调蓄水库。设计坝高216.5米，水库调蓄水量200多亿立方米，装机容量可达420万千瓦（7台60万千瓦机组）。于20世纪90年代初动工兴建，2009年建成并投产发电。除满足广西用电需要外，将通过50万伏以上的超高压输电线路东送广州，为高速腾飞的珠江三角洲经济提供电力。

利用江河水能发展水电，有很大的优越性，首先，不污染环境。它不烧煤和燃油，不会像火电厂那样排放污染江河、污染大气的灰渣和二氧化硫。水电站的水库还可以美化环境、改善气候，如吉林丰满电站的松花湖、浙江新安江水电站的千岛湖、贵州猫跳河水电站的红枫湖、北京的密云水库等，都是湖水碧透、山峦青翠、湖光山色交相辉映的秀丽风景区。乘游艇畅游其间，令人心旷神怡。

◎ 环球名河 ◎

　　在五大洲的高山丛林之中，在广阔的平原之上，奔腾着数以万计的河流。

　　河流是人类文明之母，她的几十亿优秀儿女就在她的周围生存着，并产生了陆上的印度河文明、阿拉伯文明、尼罗河文明、黄河文明。

　　她们与海的交往，又产生了欧洲的海洋文明……

"印度的母亲"恒河

恒河发源于喜马拉雅山山脉，是印度的第一大河。印度人民尊称它为"圣河"和"印度的母亲"。在印度神话中，恒河原是一位女神，是雪王的公主，为滋润大地、解救民众而下凡人间。既是雪王之女，家乡当然就在云山飘渺的冰雪王国。这与恒河之源在喜马拉雅山脉南坡加姆尔的甘戈力冰川正好相呼应，这巧合使神话更加逼真。加姆尔在印度语中是"牛嘴"之意，而牛在印度是被视为神灵的，恒河水是从神灵——牛的嘴里吐出来的清泉，于是更被视为圣洁无比了。

恒河全长2700多公里，中、上游有2100多公里在印度境内，下游500多公里在孟加拉国。恒河支流繁多，水量丰沛，每年6—9月的雨季期间，河水暴涨，一泻千里。恒河为印度带来舟楫之便和灌溉之利。肥沃的恒河平原一向是印度的主要农业区，印度人的祖先很早就在那里居住。恒河世世代代用它的丰富乳汁，慷慨地滋润着广阔的大地，哺育着千千万万的恒河儿女，浇灌出灿烂的文化。历史学家、考古学家的足迹遍布恒河两岸，诗人歌手行吟河畔。至今，恒河中上游依然是印度经济文化最发达、人口最稠密的地区。

恒河有两个较大的源头，即阿勒格嫩达河和帕吉勒提河。两河上游急流汹涌，奔腾于喜马拉雅山间，地势由3150米急降至300米，水流湍急，最小流量为200立方米/秒，季风期流量最大时，接近此数的30倍。两河于代沃布勒亚格附近汇合后始称恒河。穿过西瓦利克山脉后，在赫尔德瓦尔附近进入平原，逐渐向东南弯曲，流至安拉阿巴德，地势再降至120米，与它最大的支流朱木拿河汇合，水量大增，河

93

面变宽，河身弯曲，地势平坦。安拉阿巴德以上为上游，安拉阿巴德到西孟加拉邦为中游，以下为下游。

恒河在瓜伦多卡德附近与布拉马普特拉河会合后，形成世界上最大的三角洲——恒河三角洲，面积56980平方公里，地势低平，海拔仅10米。这里河网密布，农业发达，是重要的种植区。布拉马普特拉河长约2900公里，上游即雅鲁藏布江。

印度教徒视恒河为圣河，认为以恒河圣水沐浴可以净罪。在赫尔德瓦尔、安拉阿巴德和瓦拉纳西等沿河圣城，每年都举行盛大的沐浴节。

印度教信徒常以一种孩子见母亲的心情来到恒河。他们称它为"恒妈"。千里迢迢赶来的朝圣者，站在齐腰深的圣河里，双手捧起河水，一边喝一边虔诚地祈祷。教徒对恒河怀有强烈的信念：只要在恒河里沐浴，心中的邪恶和晦气都将洗刷干净；要是在圣河的岸边寿终正寝，来世必将享福无穷。

朝圣者的队伍里，有农民和学者，富翁和穷人。他们忍受着酷暑和噪闹、纷沓的人群以及难以下咽的食物。总之，他们忍受着一切去完成自己一生的夙愿，在圣河中沐浴身体和超度灵魂。

恒河和朱木拿河汇合成一处，气势磅礴汹涌澎湃地朝印度最古老的城市之一的瓦拉纳西城滚滚而去。瓦拉纳西市北的鹿野苑相传是释迦牟尼第一次讲道的地方，因此该城被誉为"印度之光"，被看做是印度古老文化的缩影。印度教教徒把瓦拉纳西看做是最接近神的地方，宿愿一生中至少能到这里朝圣一次。

瓦拉纳西城有60多个大小水泥台阶码头，成千上万群众可以同时在这里洗"圣水浴"。当东方破晓、晨曦初露时，瓦拉纳西的码头上便已云集了四面八方来的虔诚教徒，开始了一天中以"圣水浴"为中心的宗教仪式。朝拜从祈祷开始，祭司们口诵祷词，教徒们扶老携幼，步着沿河的一级级石阶走进恒河，浸泡在圣水中，一面沐浴，一面顶礼膜拜，恒河上下沉浸在一片喃喃的诵经祈祷声中。

由印度首都新德里沿恒河支流朱木拿河往南，有一座著名的古城亚格拉，这里有一座被誉为印度"建筑明珠"、世界建筑奇迹的泰姬陵。

泰姬陵是在1632年破土动工的，每天有2万名工匠修建，用了22年的时间才建成。光阴流逝，300多年过去了，但泰姬陵仍屹立在朱木拿河畔。恒河滋润着印度大地，而泰姬陵是恒河子孙文化和建筑艺术的精华，是印度的象征和骄傲！

"西亚文明之源" 阿拉伯河

阿拉伯河从库尔纳至波斯湾，全长仅190公里，虽然不长，却闻名于世。提起它，人们就会很自然地想到幼发拉底河与底格里斯河。因为是幼发拉底河这条西亚最长的河与流量最大的底格里斯河，在伊拉克南部的库尔纳汇合后，才有了阿拉伯河。

幼发拉底河与底格里斯河现在只是阿拉伯河的两个上源，而在历史上却有辉煌的过去，因为这两河流域同非洲的尼罗河流域、中国的黄河流域、印度的恒河流域，共同组成了世界古代文化发祥地。

伊拉克最大的河港城市巴士拉坐落于阿拉伯河的右岸。巴士拉南距波斯湾120公里，始建于公元前636年。它在阿拔斯王朝时代，就已是著名的文化和贸易中心。

阿拉伯河在巴士拉以下，在注入波斯湾之前，接纳了最后一个重要支流——卡仑河。卡仑河是伊朗境内最大的河流。卡仑河流域共有油田21处。据统计，石油储量和产量均居伊朗首要地位。其中，马龙、阿加贾里、阿瓦士和加奇萨兰国为伊朗四大油田。同时，它们也是世界著名的大油田。在卡仑河口附近，还有伊朗最大的港口阿巴丹。阿巴丹是世界规模最大的炼油中心之一。

由幼发拉底河与底格里斯河冲积形成的平原，叫美索不达米亚平原。这弧形的平原又被称为"新月形沃地"。美索不达米亚平原位于安纳托利亚高原、伊朗高原和阿拉伯高原之间，包括伊拉克的大部份、叙利亚的东北部、伊朗的西南角和科威特的大部份地区。地势自西北向东南延伸，平原的前身曾是波斯湾的一部份，由于幼发拉底河与底格里斯河的冲积作用，形成了冲积平原。

古代幼发拉底河与底格里斯河，也像尼罗河一样定期泛滥，使两河流域的土地得到灌溉和天然肥料。洪水退后，两岸淤积下来的大量淤泥就是生活在这里的居民走向定居农业的得天独厚的自然前提。

大约在公元前3000年前，苏美尔人就开始引水灌溉，使美索不达米亚平原变成了谷仓和花园。美索不达米亚平原，还是世界著名的石油产地。科威特、伊朗和伊拉克都是世界重要产油国家。

曾是古代文化发祥地、世界四大文明古国之一的巴比伦，就坐落在美索不达米亚平原。至今，它保留着的古建筑遗址和古文物是人类引以为豪的瑰宝。

"非洲的摇篮"尼罗河

尼罗河像世界上其它名川大江一样，一直受到人们的的赞美。不知有多少诗人、游客和文学家撰文赋诗，对它大唱赞歌。埃及诗圣艾哈迈德·肖基曾写下"尼罗河水自天降"的不朽诗句。人们除赞美尼罗河雄伟的气势外，还更多地赞美它那奇妙的景色。在河谷的土地上，到处是绿油油的青草、金闪闪的谷穗、红艳艳的葡萄。这是夹在两片灼人的沙漠之间的一个水流不断、花果丛生的人间天堂。

尼罗河发源于赤道以南、非洲东部的高原之上，弯弯曲曲，浩浩荡荡，向北奔腾而去，穿越北非沙漠，进入地中海，沿途经过众多的湖泊，留下6道大瀑布，数处出现激流和险滩。尼罗河蜿蜒奔流6740公里，是非洲第一大河，也是世界第一长河，流域面积280万平方公里，等于非洲大陆面积的1/10，但大部分地区在埃及和苏丹境内。

尼罗河的上游有两条主要的支流，一条叫白尼罗河，一条叫青尼罗河。白尼罗河源于维多利亚湖以西的终年多雨的群山之间，流往卢旺达、布隆迪、坦桑尼亚、肯尼亚、乌干达和扎伊尔，最后进入苏丹。青尼罗河发源于埃塞俄比亚西北部高原上的塔纳湖，流经埃塞俄比亚和苏丹。青尼罗河和白尼罗河在苏丹首都喀土穆会合后，合流点以下的河段称为尼罗河。会合后的尼罗河主流水量大增，流量变化加大，再纳支流阿特巴拉河，然后进入埃及。尼罗河从南到北，纵贯埃及全境，在埃及境内长达1530公里。在埃及首都开罗以北形成面积2.5万平方公里的巨大三角洲平原，河道在这里分成很多支流注入地中海。三角洲平原上，地势平坦，河渠纵横，是古代埃及文化的摇篮，是现代埃及政治、经济和文化中心。

尼罗河三角洲是尼罗河赐给埃及的一份厚礼。三角洲地区的土地十分肥沃，据说是地球上最肥沃的土壤，是埃及最富饶的地方，被称为鱼米之乡。三角洲的面积只有24000平方公里，仅占埃及全国总面积的24%，但在这块土地上，人口却占全国人口的90%以上，埃及的城市、村落、居民和久享盛名的历史古迹绝大部分都分布在这一带，不到绿色走廊不算到埃及的说法在非洲极为普遍。它既是古埃及灿烂文明的摇篮，又是世界著名文化发祥地之一。早在公元前6000年左右，埃及人的祖先就在尼罗河两岸繁衍生息。据史料记载，塔吉安人曾在这里生活。他们不仅从事渔猎，而且从事农耕。公元前4000年左右，他们就已经创建了围堰造地、筑堤防洪和引水灌溉等控水工程。他们还学会了用亚麻和兽皮做衣服，用石头做锄板，用木头做小船，用称为"瑟德"的纸莎草编筐篮。那时，在上、下埃及出现了两个奴隶制王国。公元前3200年，上埃及国王梅尼斯法老统一了上、下埃及，建立了第一个奴隶制社会的统一国定，定都于开罗西南30公里的孟菲斯，这座古城被称为"白色城堡"。

尼罗河沿岸的农业非常发达，尤其是埃及的尼罗河两岸，农作物一年两熟或三熟，盛产棉花、稻米、小麦、玉米、甘蔗和豆类等，而且是非洲单位面积产量最高的国家。埃及的长绒棉是世界上最优良的品种之一，纤维长约4厘米，是纺织工业的上等原料。埃及的玉米、小麦的产量一直居非洲之首。

一般人把江河的泛滥视为不幸和灾祸，因为江河泛滥常常造成田地淹没、房屋冲毁，使大量的人民流离失所。而世世代代生活在尼罗河两岸的埃及人民视尼罗河为圣河，每当尼罗河泛滥时，要举行形式多样、内容丰富的庆祝活动，从古到今年年如此，这就是蜚声世界的尼罗河泛滥节。埃及人民为什么视尼罗河的泛滥为好事呢？那是因为埃及从古代起就已经掌握了尼罗河定期泛滥的规律。尼罗河的泛滥不但不会淹没两岸的村庄，而且会给土地灌透一次水，还会把河水从上游带来的大量矿物质和有机质留在土地上，大量沉积在尼罗河中下游两岸的田野里，于是形成了肥沃的土壤。

千百年来，埃及人民年年盼望尼罗河泛滥。涨水的头几天，人们要排着长长的队伍，敲锣打鼓，载歌载舞，簇拥着尼罗河之神"哈伯"的木雕像来到河边，举行祭河大典。在河水溢出河岸的那天晚上，人们还要高举火把，泛舟尼罗河上，火光闪闪，波光粼粼，人们尽情地划呀，唱呀，怀着无比喜悦的心情欢迎尼罗河赐予他们的恩典。

关于尼罗河的泛滥，流传着许多神话传说。传说尼罗河泛滥是因为女神伊兹斯的丈夫遇难身亡，伊兹斯悲痛欲绝，顿时泪如雨下，泪水落入尼罗河中，使河水上涨，引起尼罗河泛滥。所以，每年6月17日或18日，当尼罗河水开始变绿，预示河水即将泛滥时，埃及人举行一次欢庆，称为"落泪夜"。

尼罗河流域是非洲古代文化的摇篮，早在公元前5000年，尼罗河两岸的人民，特别是埃及人民，就会利用自然淤积灌溉的方法从事农业生产，开始定居农业，并掌握了栽培谷物、开掘水渠、兴修水利工程的技术。古代埃及人就在这个基础上创造了辉煌的文化，发展了天文、数学、医学、建筑学等。埃及同中国、巴比伦和印度一起，被称为世界四大文明古国。埃及的尼罗河三角洲是人类古代文明的发祥地之一，那里的古代文化比巴比伦和印度的古代文化还要古老。漫步尼罗河畔，具有各个历史时期特色的文物古迹比比皆是，雄伟的开罗城、巍峨的金字塔以及各种各样的古代庙宇，让人大饱眼福，赞叹不已。

开罗是埃及的首都，它坐落在尼罗河三角洲顶点以南14公里处，城区大部分位于尼罗河东岸，现在城市正在逐渐向西岸发展。它是埃及全国政治、经济和文化中心，也是非洲最大的城市和重要的国际交通枢纽。进入开罗城，映入眼帘的是，高楼大厦耸入云天，大型商店、超级市场鳞次栉比。但只要细看，又会发现：无论是在闹市区，还是在居民院，到处可见冒出尖顶的清真寺。每逢祈祷，身穿长袍的穆斯林们纷纷脱掉鞋子，排着整齐的队伍，向着麦加圣城的方向，虔诚地做着祈祷。因为开罗的居民绝大多数是阿拉伯人，他们信奉伊斯兰教。

谈论尼罗河和埃及，人们还会自然地联想到金字塔。金字塔实际上是一种方锥形建筑物，因外形很像中国汉字"金"字，所以，古人便把它译为"金字塔"。世界上建有金字塔的地方很多，而唯有埃及的金字塔最古老，规模最宏伟，代表了埃及的悠久历史和灿烂文化，是世界著名的古代七大奇迹之一。

尼罗河的确为埃及提供了很多得天独厚的生存和发展的条件，并在此基础上促进了埃及文明的产生。因而早在法老时期就有：埃及就是尼罗河，尼罗河是埃及的母亲等古话，此类语言在埃及广泛流传。事实上，尼罗河为沿岸人民积承财富、缔造文明创造了条件，确实是埃及人民生命的源泉，它为沿岸人民丰富多彩的生活增色不少。

美丽宽阔的尼罗河的确是一条源远流长的大河，如今正日夜不息地奔腾着，使古老的尼罗河焕发出青春活力，充满着勃勃生机。正像古埃及人民为尼罗河所编的赞歌："光荣归于你，发源于大地的尼罗河，你不息地奔流，为的是埃及苏生。尼罗，尼罗，长比天河！"

"洲际钮带"苏伊士运河

苏伊士运河是世界上最为有名的一条国际通航运河。它处于苏伊士地峡之上。苏伊士地峡是连接亚欧两大洲的坦平地峡。面积约有2万平方公里。苏伊士运河穿过埃及国土，介于亚、非两大陆之间，北通地中海，南接红海，沟通大西洋和印度洋，扼欧、亚、非三洲交通要冲，战略地位十分重要，被称为"世界航道的十字路口"。

早在公元19世纪中叶，勤劳智慧的埃及劳动人民将苏伊士地峡拦腰劈开，用他们的双手挖成一条巨大的人工河流，从此两大海彼此相连，欢笑奔流。

苏伊士运河北起塞得港，南抵苏伊士城陶菲克港，连同伸入地中海、红海河段，全长173公里，相当中国大运河长度的1/10，船舶以每小时14公里的速度航行，通过运河的时间约为15小时。运河最初开凿通航时，深8米，宽22～60米；以后屡经扩建，深达12米，宽60～150米。以前从欧洲进入印度洋和太平洋，要绕道非洲大陆南端的好望角，苏伊士运河开凿后，大大缩短了欧亚非之间的远洋航运。现在从西欧经地中海，通过苏伊士运河和红海进入印度洋、太平洋，航程可缩短6000公里以上，从黑海沿岸到印度洋的航程缩短1万多公里，而从北美到印度洋的航程也缩短了6000公里左右，这样，大大节省了燃料和时间。现在船只从波斯湾经苏伊士运河前往欧洲，一年可往返9次，而绕道好望角一年则只能往返5次。因此，苏伊士运河具有极大的经济价值和战略地位。马克思在100多年前就曾高度评价苏伊士运河，称它为"东方伟大的航道"。

苏伊士运河沿途利用曼扎拉湖、巴拉湖、提姆萨湖、大苦湖、小苦湖等湖沼和洼地作为航道，没有取垂直的路线。它和中国的京杭大运河相比，具有两种截然不同的独特之处。中国京杭大运河两岸沃野千里，一马平川，村舍连着村舍，翻动的稻浪烘托着宝塔的高大英姿。而苏伊士运河沿岸尽是连绵不断的沙丘和干旱的戈壁，景色显得异常单调。然而，苏伊士运河像一条绿色的带子，给茫茫无际的沙漠带来了生气，它那潺潺流动的河水，给人类创造了宝贵的财富。如果乘船沿苏伊士运河款款行驶，可以看到两岸的不同景色：西岸，在引来尼罗河水的地段，到处郁郁葱葱，有名的运河三城——塞得港、伊斯梅利亚和苏伊士城南北排开，生机盎然；在东岸，是地势较高、崎岖荒凉的西奈半岛，人烟稀少，时见骆驼警卫兵沿河巡逻。

运河始于地峡北端的塞得港，它是运河与地中海的汇合处，运河的北大门。塞得港是拥有36万人的中等城市，于1859年随苏伊士运河的开凿而兴建起来的，如今是埃及第二大商港和重要海军基地，也是政府特许的自由港和特别经济区，在军事、经济方面具有特殊地位。它是一个忙碌的港口，由于运河是单线行驶，南行船舶每天在这里有两次编队，一般依军舰、客轮、集装箱船、操纵性能差或试航船舶的顺序进行编队。每天约有六七十艘船只通过这里，中国每年约有800多船次通过塞得港。它又是一个优良的人工港，由3条防波堤防护的港池，面积300多公顷，码头装卸自动化，仓储、修船设备完善。这里既是世界最大的煤炭石油贮藏港之一，也是澳洲、南亚与地中海各港间商货的转口港。

从塞得港向南延伸不远，到达湖水很浅的曼扎拉湖，湖中的运河航道是经人工浚深而成的。当运河南下到76公里时，到达提姆萨湖，湖的西侧是运河公司的行政中心和控制中心伊斯梅利亚。从塞得港到伊斯梅利亚这段运河几乎是笔直的，因此，人们称它为"箭河"。伊斯梅利亚犹如一座小巧玲珑的花园，这里树木葱茏，绿草如茵。它是埃及久负盛名的旅游城，一幢幢精美的别墅掩映在绿树丛中，河边上草坪茵茵，还建有沙滩浴场，被誉为"运河的新娘"。

从伊斯梅利亚南航到97公里处，运河进入大苦湖和小苦湖。大苦湖的中部长约17公里，宽约9公里，而且，湖水很深，船只可以畅行无阻，因而这里没有人工开拓的航道。据说，此湖因其水味咸苦而得名。大苦湖形状像一只芒果，水域辽阔，是一个天然的停泊场，南下北上的船只要在此相会，就重新编队，相错而行，分别进行各自后半段的航程。大苦湖中，世界各国的船泊汇合在一起，仿佛是一个世界航海博览会。

运河穿出小苦湖后呈直线形直达运河南端、红海之滨的陶菲克港和与之毗邻的运河命名港苏伊士，最后注入苏伊士湾。苏伊士曾是连接尼罗河和红海的运河航运终点。苏伊士港有两道长3公里的防波堤，是过往船只避风的良港，港口吞吐量在埃及仅次于亚历山大，居第二位。苏伊士还是埃及著名的港市，虽然城市规模不大，但整洁、繁华兴旺。运河岸滨的一排排公寓住宅，色彩醒目，造型优美，掩映在绿郁郁的椰枣树丛中。苏伊士和塞得港、伊斯梅利亚这3个运河沿岸主要城市和运河息息相关，它们像三颗晶莹珍珠垂悬在运河这条银带上，人们把它们称为运河三城。

苏伊士运河是埃及人民用勤劳的双手为人类作出的巨大贡献，运河的历史是血泪斑斑的。运河工程动工是1859年4月，直到1869年11月才完工。数千万埃及工人在极端恶劣的条件下劳动，有12万埃及人死亡。纳赛尔总统曾指出："这条运河是用我们的生命、血汗和尸骨换来的！"运河建成后，经营权一直掌握在总公司设立在巴黎的苏伊士运河公司手中。1882年，英国占领埃及，直接控制苏伊士运河。

英雄的埃及人民为争取民族独立和收回对苏伊士运河的主权，进行了长期英勇的斗争。1956年7月，埃及总统纳赛尔宣布将苏伊士运河收回国有。埃及政府从1976年开始进行运河的扩建工程，第一期工程已于1980年底完成，现已能通行吃水深度16米、满载15万吨或空载30万吨的巨轮，通过的时间已短到11小时。现在运河全年收入达10亿美元，占埃及外汇收入第三位。埃及政府和人民出于经济上和战略上考虑，1978年10月从运河南端的苏伊士城北17公里处开凿一条从运河河底通过的隧道。1982年3月29日，这条河底隧道全部通车。

现今，埃及政府和人民还在继续加深加宽运河，要让25万吨全载或30万吨船都能通过，届时，苏伊士运河将在国际航道上取得更加显著的战略意义和经济价值。

苏伊士运河，像雄伟壮丽的金字塔一样．是埃及人民改造自然的智慧结晶，也是埃及人民的骄傲。

"俄罗斯之母"伏尔加河

伏尔加河是欧洲最大的河流，发源于俄罗斯联邦西北部的瓦尔代丘陵，自北向南曲折流经俄罗斯平原的中部，注入里海，全长3530公里，流域面积136万平方公里。

伏尔加河流域是俄罗斯最富庶的地区之一。长期以来，伏尔加河滋润着沿岸数百万公顷肥沃的土地，养育着约7000万俄罗斯各族儿女。伏尔加河的中北部是俄罗斯民族和文化的发祥地，那深沉、浑厚的《伏尔加船夫曲》至今仍在人们的脑海中萦绕。马雅科夫斯基、普希金等许多俄罗斯著名诗人都用美好的诗句来赞美她，称她为俄罗斯的母亲河。

十月革命前，伏尔加河完全处于自然状态，河水深度仅1.6～2.5米，全河有许多浅滩和沙洲，通航不畅，干、支流上丰富的水力资源基本上未加利用。十月革命后，苏联政府于1930年起对伏尔加河进行了大规模的整治和综合开发利用。按一级航道标准：最小保证水深2.4～3米，宽85～100米，弯曲半径600～1000米，进行全面渠化，先后在干、支流上修建了14座大型水利枢纽，并建成了连接莫斯科的莫斯科运河，长128公里；沟通顿河及波罗的海的伏尔加—顿河运河，长10I公里；伏尔加—波罗的海运河，长361公里。到70年代中期，伏尔加河已建成同俄罗斯欧洲部分其他河网相连的、统一的深水内河航运系统，总长约6600公里。通过伏尔加河及其运河，可连接俄罗斯北部的白海，西部的波罗的海和南部的黑海、亚速海及里海，从而实现了五海通航。其主航线可通航5000吨级货轮和2～3万吨级的船队。

伏尔加河干支流上的14座大中型水利枢纽还承担着发电、城市和工业用水、农田灌溉及渔业等综合职能。80年代初，伏尔加河干流及卡马河上的11座梯级水电站的总装机容量就已达1129.5万千瓦，其中100万千瓦以上的大型水电站有伏尔加格勒、古比雪夫、切博克萨雷、萨拉托夫、下卡马和沃特金斯克6座，年平均发电量达393亿度。

现在，伏尔加河流域是俄罗斯最重要的工农业生产基地之一。汽车、内河船舶、石油开采以及轻纺工业等部门均居全俄首位。流域内人口百万以上的大城市有：莫斯科、高尔基城、古比雪夫城、乌法等等。

20世纪60年代兴起的陶里亚蒂市为全俄最大的汽车城，年产小汽车70万辆，并为全俄主要化肥生产中心。卡马河下游的纳别列日内-切尔内（原勃列日涅夫城）是俄罗斯最大的大型载重汽车制造中心，下卡马斯克为俄罗斯著名的石油化工城。

在伏尔加河三角洲上有港口城市阿斯特拉罕。它是里海的渔业基地，有渔类加工和船舶修理等工业。附近有阿斯特拉罕自然保护区。保护区内水网稠密，是世界上重要的鸟类科研中心，几百种水鸟在芦苇丛中拍打翅膀，白天鹅和黑天鹅在翩然飘游，五色斑斓的野鸡在灌木丛中啼啭，白色的苍鹭小心地迈着能够自由伸缩的长腿，而从远古时代能够幸存下来的鹈鹕则在巨大的筏子上筑巢。这筏子是鹈鹕用芦苇、蓑衣草茎和柳枝筑成的，远远望去，它们筑的巢宛如有着白色、红色的花朵。

6月，当曙光初照在高高的芦苇尖上时，冷艳的莲花，就在宁静的里海海湾上展开了花瓣。绿叶丛中，万紫千红，晨风吹拂，轻轻摆动。伏尔加河三角洲到处是这种带有传奇色彩的花朵。在能够生长的最北界线，它们在严格的自然保护法的庇护下自在地生长。

伟大的伏尔加河，过去，她孕育了古代俄罗斯的灿烂文化，使千千万万勤劳的人民在她怀抱里休养生息。如今，她更加焕发了青春，正在为俄罗斯美好的明天而奔腾不息。

蓝色的多瑙河

　　多瑙河像一条蓝色飘带蜿蜒在欧洲大地上，它是欧洲第二大河，仅次于伏尔加河，人们把它赞美为"蓝色的多瑙河"。

　　多瑙河发源于德国西南部的黑林山的东坡，自西向东流经奥地利、斯洛伐克、匈牙利、克罗地亚、塞尔维亚、保加利亚、罗马尼亚和乌克兰，在罗马尼亚的利纳附近注入黑海。它流域面积81.7万平方公里。

　　从河源到西喀尔巴阡山脉和奥地利阿尔卑斯山脉之间的峡谷——匈牙利门为上游，长约966公里。它的源头有布列盖河与布里加哈河两条小河，从茂密森林中跌宕而出，沿巴伐利亚高原北部，经阿尔卑斯山脉和捷克高原之间的丘陵地带流入维也纳盆地。上游流经崎岖的山区，河道狭窄，河谷幽深，两岸多峭壁，水中多急流险滩，是一段典型的山地河流。上游的支流有因河、累赫河、伊扎尔河等，河水主要依靠山地冰川和积雪补给，冬季水位最低，暮春盛夏冰融雪化，水量迅速增加，一般6—7月份达到最高峰。上游水位涨落幅度较大，例如，乌尔姆附近的平均枯水期流量仅有40立方米／秒，而洪水期流量平均竟达480立方米／秒以上。在这段河流上，还有多瑙河上游最大的美丽城市——累根斯堡。

　　多瑙河缓缓穿过奥地利的首都维也纳市区。这座具有悠久历史的古老城市，山清水秀，风景绮丽。优美的维也纳森林伸展在市区的西部，郁郁葱葱，绿荫蔽日。每到旅游盛季的6月，这里都要举行丰富多采的音乐节。

　　漫步维也纳街头或小憩公园座椅，人们几乎到处可以听到优美的华尔兹圆舞曲，看到一座座栩栩如生的音乐家雕像。维也纳的许多街道、公园、剧院、会议厅等都是用音乐家的名字命名的。因此，维也纳一直享有"世界音乐名城"的盛誉。

站在城市西北的卡伦山上眺望，淡淡的薄雾使她蒙上了一层轻纱，城内阳光下闪闪发光的古老皇宫、议会，府第的圆顶和圣斯丹芬等教堂的尖顶，好像她头上的珠饰，多瑙河恰如束在腰里的玉带，加上苍翠欲滴、连绵的维也纳森林，使人们想起在这里孕育的音乐家、诗人，他们著名的乐曲仿佛又在人们耳边回响。

从"匈牙利门"到铁门为中游，长约900公里。它流经多瑙河中游平原，河谷较宽，河道曲折，有许多河汊和牛轭湖点缀其间，接纳了德拉瓦河、蒂萨河、萨瓦河和摩拉瓦河等支流，水量猛增1.5倍。中游地区河段最大流量出现在春末夏初，而夏末初水位下降。随后，多瑙河切穿喀尔巴阡山脉形成壮丽险峻的卡特拉克塔峡谷。

卡特拉克塔峡谷从西端的腊姆到东端的克拉多伏，包括卡桑峡、铁门峡等一系列峡谷，全长144公里，首尾水位差近30米。峡谷内多瑙河最窄处约100米，仅及入峡前河宽的1/6，而深度则由平均4米增至50米。陡崖壁立，水争一门，河水滚滚，奔腾咆哮，成为多瑙河著名天险，并蕴藏着巨大的水力资源。罗马尼亚和前南斯拉夫两国合作，在铁门峡建成了水利枢纽工程。

在多瑙河中游斯洛伐克境内这一段，由于地势低洼而形成内陆三角洲，河道宽而浅，有些地段涉水可过，一年只能通航5个月。而在汛期，河水又会左奔右突，给两岸居民的生命财产造成严重威胁。为此，早在50年代，前捷克斯洛伐克和匈牙利就一起商议过如何驯服这条美丽而又任性的大河，并于1977年签订了合作兴建水利工程的条约。从那时起，前捷克斯洛伐克在匈牙利的协助下，经过艰苦努力，费时14年，耗资8亿美元，于1992年建成了加布奇科沃水利工程，主要包括上游长约25公里、原设计总容量近两亿立方米的水库，总长约两公里旧河道拦河堤坝，把河水从旧河道引至现在的斯洛伐克领土上。

多瑙河中游平原，是匈牙利、克罗地亚、塞尔维亚等国重要的农业区，素有"谷仓"之称。多瑙河中游流经地区，都是各国的经济中心，重要城市有布拉迪斯拉发、布达佩斯和贝尔格莱德等。

布拉迪斯拉发位于摩拉瓦河与多瑙河汇合处，自古以来就是北欧与南欧之间的重要商道，所以古罗马时此地就是要塞。

现在，布拉迪斯拉发是斯洛伐克地区的政治、经济中心，有造船、化工、纺织等工业。此外，还是多瑙河航线上最大的港口之一。

布达佩斯，被称为"多瑙河上的明珠"。它是由西岸的布达和东岸的佩斯两座城市，通过多瑙河上8座美丽的桥连为一体的。城内许多古迹多建于城堡山。城堡山是面临多瑙河的一片海拔160米的高岗，13世纪时修建的城堡围墙至今保存完好。著名的渔人堡是一座尖塔式建筑，结构简练，风格古朴素雅。游人可以站在渔人堡的围墙上，欣赏多瑙河河上的美景和佩斯的风光。

矗立在多瑙河畔，宏伟的匈牙利国会大厦高90多米，金碧辉煌，两旁有两座用白石镂空、挺拔俏丽的高塔，美丽异常，内部装饰富丽堂皇。在四壁上嵌满匈牙利历代皇帝的雕像，千姿百态，巧夺天工，充分显示了匈牙利人民的才智，是匈牙利国家的象征。

人们说，多瑙河是布达佩斯的灵魂，而布达佩斯是匈牙利的骄傲。踏上这座古城，既可以欣赏到迷人的风光，还可以领略到历史的变迁。

塞尔维亚共和国首都贝尔格莱德是个美丽的城市，它坐落在多瑙河与萨瓦河交汇处，碧波粼粼的多瑙河穿过市区，把城市一分为二。贝尔格莱德，意思是"白色之城"。贝尔格莱德附近是多瑙河中游平原的一部分，是全国最大的农业区，一向有"谷仓"之称。

铁门以下至入海口为下游。这里流经多瑙河下游平原。河谷宽阔，水流平稳，接近河口时宽度扩展到15～20公里，有的地段可达28公里之多，多瑙河流到图尔恰附近分成基利亚河、苏利纳河、格奥尔基也夫三条支流，冲积成面积约4300平方公里的扇形三角洲。

秀丽多姿的多瑙河是一条重要的国际河流。欧洲人通过多瑙—黑海运河和莱茵—多瑙河的修建，把北起莱茵河三角洲，东迄黑海，长达3400公里的欧洲大水道沟通起来。这样客货轮就可以通过欧洲内河航道，在大西洋和黑海之间直接往来。

"法兰西文化之源"

卢瓦尔河是法国第一大河。发源于塞文山脉，经中央高原，西流注入大西洋的比斯开湾，长1010公里，流域面积约12万平方公里，有运河同塞纳河、索恩河相连。海轮可通南特。卢瓦尔河上游水力资源丰富，下游河两岸地势平坦，宜于放牧。古时这里也是法兰西人民和侵略者进行英勇斗争的战场，目前到处可见古时遗留下来的古堡群，上面刻着法兰西人民战胜外族侵略的历史。

游人从巴黎沿卢瓦尔河西行，第一站就是临海的圣米合尔。它坐落在法国西部的布列多拉海滨，远远望去，"恰似孤悬在海上的一叶扁舟"。这里原是一片森林，后来被海水淹没，又经地壳运动，露出孤岛。公元1世纪末，岛上建筑起修道院，12世纪中期增建教堂。800多年来，这里一直是朝圣者向往的圣地。1972年联合国科教文组织把它列为世界57个名胜保护单位之一。人们立于岛下仰望，只见教堂拔地而起，巍峨陡立。教堂顶上，一支长箭直插苍穹。沿着蜿蜒的石阶而上，可依次参观过去僧侣们祈祷、书写经文之地。

昂热古堡，坐落在卢瓦尔河支流马延河畔，依山傍水，地势十分险要。古堡为中世纪罗马式。据说，文艺复兴时期向教会的黑暗势力勇敢冲击的人文主义者，法国著名小说《巨人传》的作者拉伯雷，就曾经在这里居住过。过去的护城水壕，现已干涸，开辟为花圃，修得十分精美，图案好像织锦似的。

这里每一座古堡都为光辉的历史谱写过壮丽的诗篇，其中西农古堡就是其中一座。它建筑在高耸的西农城的山岗上，这里曾是法国民族英雄贞德出征的地方。这个出生在杜列米的牧羊女，从13岁起就具有强烈的民族自尊感，她曾多次求见国王查理七世，要求率军抗敌，经过4年多的努力，终于获胜。现在西农人民为她建造了纪念馆，从馆内墙上壁毯的图案中可看出当时查理七世接见她的情景。

昂布瓦兹古堡则是"文艺复兴"传入法国后兴建的，其建筑和装饰都明显地留着那个时期的风格。"文艺复兴"时期的代表人物，意大利著名画家达·芬奇就安葬在这里。

卢瓦尔河美丽富饶，有着战胜侵略者的辉煌历史，不愧为法兰西民族的骄傲。

"巴黎的玉带"塞纳河

　　塞纳河是法国一条著名河流，距巴黎东南275公里。它从法国北部朗格尔高地出发，向西北方向，弯弯曲曲，流经巴黎，于勒阿弗尔港附近注入英吉利海峡，全长776公里，是法国四大河流中最短的一条，但名气却最大。

　　塞纳河的河源在一片海拔470多米的石灰岩丘陵地带。一个狭窄山谷里有一条小溪，沿溪而上，有一个山洞，洞口不高，是人工建筑的，门前没有栅栏。洞里有一尊女神雕像，她白衣素裹，半躺半卧，手里捧着水瓶，嘴角挂着微笑，神色安祥，姿态优美。小溪就从这位女神的背后悄悄流出来。显而易见，塞纳河是以泉水为源。当地的高卢人传说，这尊女神名叫塞纳，是一位降水女神，塞纳河就以它的名字为名。

　　塞纳河上游地处朗格尔高地地区起伏不平的丘陵。岩层结构是白垩与粘土相间，白垩层离地面深浅不一，一般在50米左右。雨水和雪水降到地面，有些地方渗透到地下，有些地方又重新回到地面，成为塞纳河源。丘陵地都不高，一般在海拔100～400米之间，坡降平缓，所以塞纳河在上游水流平缓，有"安祥的姑娘"之称。

　　塞纳河从东南进入巴黎，经过市中心，再从西南出城。塞纳河在巴黎被称之为"慈爱的母亲"，而巴黎是塞纳河的女儿。

　　塞纳河上的西岱岛，是法兰西民族的发祥地。公元前300年时，岛上居住着一个民族，名叫巴黎西族。巴黎市由此得名。公元508年，法兰克人科洛维定都巴黎，建立墨洛温王朝。从此，西岱岛就成为封建时代王权和宗教的中心，岛上最著名的宗教建筑是"巴黎圣母院"，于1245年建成。它被认为是第一个哥特式建筑，教堂可容纳9000人，一直是宗教活动中心。巴黎市府位于塞纳河右岸，它与塞纳河上方的巴士底狱广场和河下方不远的协和广场并称为法国革命和自由的象征。1789年7月14日，巴黎人民摧毁了巴士底狱，资产阶级革命从此爆发。

巴黎的美，首先来自她的母亲塞纳河。塞纳河是名扬世界的旅游胜地，她像是巴黎的一条缠腰玉带。河上有桥30座。桥面宽阔，车来人往，两不相扰。河面游艇如梭，桥上游人络绎不绝。沿着塞纳河而行，能够对法国历史文化作一次巡视。座落在塞纳河畔的卢浮宫，建于13世纪初，经过600多年，到拿破仑三世时才建成这一历代王朝的宫殿，资产阶级革命时改为博物馆，共藏有雕刻、绘画、珠宝等艺术品和文物17万多件。馆中藏有一幅名为《蒙娜丽莎》的油画，是意大利名画家达·芬奇根据一位名叫蒙娜丽莎的青年妇女的肖像而作，是卢浮宫的无价之宝，游人至此无不伫立欣赏。

塞纳河上的"水上人家"独具风格。这些人家形式各异，或点点散落，或三五成群，或数行并列。船内有厨房、卧室、会客厅等，生活所需，应有尽有。水上人家实为水上别墅。每年盛夏，来此消暑度假者不乏其人。塞纳河上还有水上饭店、水上运动场。塞纳河简直成了水上城市。

塞纳河流域是法国的重要经济区之一。这一经济区的特点是扬长避短，尊重传统，因地制宜，多种经营。塞纳河地处香槟和布尔高尼两地交界处，土质不太适宜种葡萄，这里小麦和粮食作物并不多，人们利用山坡空地种些蔬菜、瓜果。但是，这里盛产木材和铁矿。到处可以看到片片森林，修理得齐齐整整。森林一般归集体所有，有5～10家不等的森林主联合为经营小组，按政府统一规定，每块森林生长25年才能采伐一次，分区划片砍伐。木材主要用于小型工厂。炼铁是塞纳河上游的传统工业。从塞纳河顺流而下，经常可看到河谷里有铁工厂、水泥厂、粮食烘干厂、家具厂等。这些工厂都是中小企业。从河源到巴黎，大部分是500～1000户的村镇。中小企业的发展对农村的工业化起到巨大促进作用。

塞纳河流过巴黎地区，就进入上诺曼第地区。河谷逐渐变得宽广，马恩河在巴黎从东注入塞纳河，使水流量更加丰富、两侧山更加开阔平缓。由于接近海洋，这里雨量充沛、气候湿润、土质肥沃、牧草绿油油，是发展畜牧业的好地方。沿河畔公路而下，可以看到河谷里、山坡上到处都是牛群在牧场里安详地吃草。牧场都不算大，有的1～2公顷，有的7～8公顷，大的不过30～40公顷。牧场周围种树或栽树桩篱笆，与邻家牧场隔开。一个牧场里牛的头数不等，有多有少。牛整年在固定牧场里生活，用不着到处放牧。法国畜牧业以养牛为主。上诺曼第地区与下诺曼第、布列塔尼、卢瓦尔河谷、比利牛斯山区和阿尔卑斯山区组成几个重要的牧牛区。

塞纳河自古就是水上交通运输要道。从巴黎开始，特别是从上诺曼第塞纳河上的鲁昂港开始，可以看到塞纳河上船来船往，一片繁忙的运输景象。塞纳河流过上诺曼第进入下诺曼第不远，就在勒阿弗尔附近注入英吉利海峡。

法国历史上有不少著名航海家从这里开始，远航到非洲、美洲。勒阿弗尔港是洛朗索瓦一世时为防备敌人进入塞纳河于1517年所建，拿破仑将海港发展为重要商港。勒阿弗尔港的规模仅次于马赛，是法国第二大海港。塞纳河是勒阿弗尔港与内地水上交通要道。从这里，塞纳河为内地七个炼油厂输送原油。建在巴黎郊区塞纳河上的法国最大汽车厂——雷诺汽车集团，每年生产汽车170多万辆，近半数出口，通过塞纳河运往勒阿弗尔港。鲁昂港每年进出口达10000多船次，全靠塞纳河。经过疏浚后的塞纳河，已能航行万吨级轮船，成为法国最重要航道。

为满足勒阿弗尔港运输量的要求，在距河口30公里的地方，修有坦喀尔桥。此桥将勒阿弗尔港与内地陆路交通联系在一起，该桥在塞纳河中间无桥墩，是座别具一格的吊桥。桥通至南北塔门向两岸陆地伸过去，桥面长1400米，是欧洲最长的桥，桥面承受重量5760吨。此桥年通过载重车近70万辆，旅游车近260万辆。

法国正准备兴建第二个勒阿弗尔港，并在翁佛莱尔市与勒阿弗尔港之间再造一座桥。随着经济发展的需要，塞纳河将发挥更大的作用，这无疑给法国的经济、文化、旅游，以致国防，都带来巨大的益处。塞纳河的确像"慈爱的母亲"。

"伦敦的骄傲" 泰晤士河

泰晤士河发源于英格兰的科茨沃尔德山，是英国最长的河流。河水从西部流入伦敦市区，最后经诺尔岛注入北海。全长340公里，通航里程为309公里。自伦敦桥开始，河床加深，河面也大大变宽，化敦桥一带河宽229米，到格雷夫森德宽达640米。

泰晤士河为进出大西洋的捷径，沿河美景、古迹相接不绝。从入口溯流而上，第一个游览点是格林威治，山岗古树苍郁，山巅有古天文台，市镇依山傍水，为英国皇家海军学院所在地。

从格林威治西上至泰晤士河第一座桥梁——塔桥。沿河两岸船坞、码头、仓库密集，过塔桥向西进入伦敦市区，两岸景色骤变，高楼广厦、皇宫苑囿，鳞次栉比，议会大厦、皇家音乐厅、伦敦塔和索思瓦克大教堂、圣保罗大教堂等古建筑都依稀可见。伦敦市行政中心的郡政厅紧依河滨。沿河共有桥梁27座，结构风格不同，景色各有千秋。其中滑铁卢桥、威斯敏斯特桥和兰勃士桥最为壮观。

河北岸，维多利亚河滨马路为游人散步、休憩的理想去处。入夜，沿河路灯齐明，点点灯光与水波相映，时碎时聚，使人顿感伦敦难得的悠闲。埃及克娄佩特拉方尖碑，仿斯芬克斯人面狮身像复制品、骆驼兵雕像等文物古迹也多在沿河两岸。

从1856年开始，每年复活节期间，牛津大学和剑桥大学的赛艇比赛和每年夏季的皇家亨利杯划船比赛，都在河上举行。

泰晤士河一直是诗人墨客讴歌吟咏和画家们写生描绘的对象，也是游人访古揽胜的必经之地。再从伦敦溯河西上，伊顿、牛津、温莎、汉普顿、里士满等大小城镇，都各有不朽名胜。游人经此赞叹不已，留连忘返。

"乌克兰象征"第聂伯河

第聂伯河，全长2200公里，流域面积50.4万平方公里，按它的长度和流域面积，在欧洲仅次于伏尔加河和多瑙河，居欧洲河流的第三位。

第聂伯河源出自瓦尔代高地南坡泥炭沼泽区（海拔220米）的涓涓细流。之后，有时波涛汹涌地穿过高山峡谷，有时又波澜不惊、鸦雀无声，平静地淌过森林地带和地面覆盖着冰碛物的地带，悄悄地经过森林草原地带，历尽沧桑百折不回地注入黑海第聂伯湾。第聂伯河先后流经俄罗斯的斯摩棱斯克州、白俄罗斯共和国和乌克兰共和国三个国家，像一条纽带，把三个东斯拉夫兄弟民族紧紧地连系在一起。

历史上，第聂伯河曾是连接希腊与斯堪的纳维亚地区的最著名的水上"希瓦之路"。18世纪末19世纪初，也曾凿有几条运河使第聂伯河与波罗的海水系相连，如第聂伯河-布格河运河、奥金斯基运河等。而今，这些古运河已经堵塞。

第聂伯河有许多支流，其中主要支流有：右岸的别列津纳河、索日河、普里皮亚特河、左岸的捷捷列夫河、杰斯纳河，另外还有罗斯河、苏拉河和因古列茨河等。

第聂伯河可分为三段。乌克兰共和国首都基辅以上为上游，这一带主要是森林带；从基辅到扎波罗热为中游，主要是森林草原带；扎波罗热以下为下游，属于黑海低地带。

第聂伯河流域的气候比同纬度其它区域的气候温暖、湿润。从它的西北至东南，大陆性气候逐渐明显。东北部冬季较长，南部冬季较短。降水量由北向南逐渐减少，瓦尔代高地和明斯克丘陵地带年降水量762～821毫米，下游为454毫米，上游基辅附近为708毫米，全流域平均降雨量是673毫米。

第聂伯河右岸地形海拔较高，中游有陡峻的沃尔诺—波多利斯克高原；左岸地形较平缓。春季水位高，夏季、冬季水位偏低。春季冰雪融化，河水也充沛，3～4月的水流量约占全年流量的60%。解冻期上游在4月初，而下游则在3月初。河水的结冰期下游为12月底，上游却在12月初。第聂伯河每年都向黑海泄入大量的泥沙，平均为860万吨。

第聂伯河在欧洲有着重要的经济意义。从4～6世纪，欧洲就通过该水路使黑海地区与波罗的海地区建立了密切联系。在20世纪，第聂伯河和它的两岸发生了巨大的变化，成了欧洲全线通航的河流。当今，从普里皮亚特河口到黑海形成了深水航道，可以通行现代化大型船舶。第聂伯河经别济纳水系，可以同德国维纳河相通；经第聂伯—涅漫水系同涅漫河相通；经第聂伯—布格水系同布格河相接；奥尔沙以下均可以通航。水位高涨时候，船舶可上溯到多罗布日，主要运载煤、矿石、矿物，木材，还有粮食等。

第聂伯河主要河港有斯摩棱斯克、奥尔沙、莫吉廖夫、列奇察、基辅、切尔卡瑟、扎波罗热、尼科波尔、卡霍夫卡和赫尔松等。北克里米亚运河长400公里，建于1975年，由此，又开辟了一条从第聂伯河通往亚速海的水路。

第聂伯河及其支流是白俄罗斯共和国的主要河运水路，在其境内长达700多公里。

第二次世界大战前后，第聂伯河两岸勤劳的人民在河谷地创造了伟大的奇迹，进行了规模宏大的水利工程建设。1932年在扎波罗热建立了第一座大型水电站，装机容量达56万千瓦。当时，它是欧洲最大的水电站。第二次世界大战中德国法西斯破坏了它，损失极为惨重。1947年重新修建，并把它的能力提高到65万瓦。之后，在第聂伯河的急流上又陆续兴建了水库、梯级水电站，有卡霍夫卡、第聂伯罗捷尔任斯克、基辅等。其总装机容量达200多万千瓦，年发电量达80亿度。

第聂伯河的水灌溉了乌克兰南部的干旱区域，并给顿巴斯和克里沃罗格工业区提供了充足的用水。第聂伯河流域是发达的谷物区、畜牧业区，盛产小麦和水稻，牛肉、奶乳、果园更是闻名遐迩。

第聂伯河是乌克兰共和国23000多条河流中最长的一条，其在乌克兰共和国境内的长度为1204公里。

乌克兰共和国位于第聂伯河下游，其历史与古老的第聂伯河有密切联系。提到伏尔加河会想到俄罗斯，而提到第聂伯河也会立刻想到乌克兰。乌克兰境内有110个民族，乌克兰人占全国人口的73%。乌克兰民族是在第聂伯河两岸形成和发展起来的。无论是同鞑靼——蒙古军队、土耳其的精兵，还是同德国法西斯，乌克兰人从不屈服外来侵略者。两岸的乌克兰人辛勤劳作，繁衍生息，形成了强大的乌克兰民族，继而又建立了一个独立自主的国家。第聂伯河是乌克兰的根，是它的象征。

乌克兰共和国是欧洲自然资源最富有的国家，有欧洲粮仓之称。乌克兰拥有丰富的地下资源和发达的现代工业，特别是它的煤炭、铁矿石尤为突出。顿巴斯的烟煤和无烟煤是优质的，是国家能源基地。各种重型机械在国际市场上也占有重要的地位。

"西欧动脉"莱茵河

莱茵河是欧洲的一条大河，全长1360公里，流域面积22.4万平方公里。它发源于瑞士阿尔卑斯山圣哥达峰下，自南向北奔流，流经瑞士、列支敦士登、奥地利、德国、法国、荷兰等国，于鹿特丹港附近注入北海。

莱茵河明亮、清澈的河水，壮观秀丽的景色，众多的名胜古迹，都使人留连忘返。古往今来，美丽的莱茵河使多少作家、诗人、音乐家和艺术家为之倾倒。它是目前世界内河航运最发达的国际河流。

莱茵河之所以能成为世界航运最发达的国际河流，除了它流经西欧最重要的工业地区之外，主要由于流域内降雨丰沛，水量充足。莱茵河各河段高水位出现的时期不同，使河流水位比较稳定。莱茵河上游在阿尔卑斯山区，高山冰雪融水夏季最大，所以夏季水位最高，莱茵河中游汇集支流最多，右岸来自黑林山区的内卡河、美因河等，春季融雪时水量最大，而来自法国境内的摩泽尔河高水位在冬季。莱茵河下游一年四季降水均匀，冬季雨量略高于夏季。这样，莱茵河水量在各个季节，都有水源补充，形成水量全年丰盛，水位变化不大，为航运提供了极为便利的条件，另外，莱茵河通航里程也长，可占其全长的66%。莱茵河现在已通过多条运河与多瑙河、塞纳河、罗纳河、埃姆河、威悉河、易北河等河流相通，共同组织四通八达的水上航运网。

莱茵河自古以来就是西欧南来北往的通行大道。尽管后来出现了各种现代化运输方式，但它仍然是一条极其繁忙的交通大动脉，而且运输量日益增长。近年来货运量已远远超过世界其它河流而高居首位。

　　莱茵河从河源到瑞士的巴塞尔为上游。从源地涓涓流出的河水，先向北流入博登湖，再向西流出后，有阿勒河汇入，流到瑞士西北边境城市巴塞尔。上游穿行于山地高原之间，地形崎岖，坡陡谷深，水流湍急，瀑布众多，河水主要靠山地冰川和积雪补给，春夏冰融雪化，水量增加，6—7月份水量达到最高峰。奔腾的河水，蕴藏着丰富的水力资源，干支流上已建成许多电站。

　　巴塞尔是莱茵河上重要的港口，是瑞士这个内陆国家唯一对外联系的港口，瑞士对外贸易的大部分经过这里。巴塞尔是仅次于苏黎士的第二大城市，化学工业发达，有医药、染料、化纤等工业。巴塞尔至今仍然保持了古城的幽静和安宁。一些街道两旁的房舍，一二百年前的风格依旧如故。古城堡，古教堂，昔日的小旅舍、小酒店都古香古色，成为旅游者寻幽访古的好去处。

　　目前，瑞士正致力于莱茵河上游水利资源的开发，使它能用于航运。一个庞大的计划是开凿几条运河，通过瑞士境内的阿勒河，把莱茵河与苏黎士湖、纳沙泰尔湖、日内瓦湖与洛桑一带的莱蒙湖都连成一片，构成一个内河航运网。待这一工程完工之后，瑞士——世界著名的旅游之国，风光会更加绮丽。

　　从巴塞尔到德国的波恩为中游。根据水文特点和流域状况，又可以分为上莱茵低地和莱茵峡谷两段。巴塞尔到德国的宾根，水流在宽广的阶状谷地穿行，河道弯曲，有内卡河和美因河等支流注入，是闻名的上莱茵低地。从宾根到波恩之间，两岸山峦重叠，河道曲折蜿蜒，河床狭窄，流速增加，左岸有摩泽尔河汇入，被称为莱茵峡谷。这里气候温和，土壤肥沃，农业发达，尤以葡萄种植业闻名，沿岸葡萄绵延100多公里，形成一个巨大的葡萄园。所以，被称为德国的"葡萄之路"。

　　从宾根到波恩之间的莱茵河，山川秀丽，风景怡人。两岸山峦重叠，河道曲折蜿蜒，岸边错落分布着古堡、奇伟秀丽的山川，流传着许多神奇的传说。著名的"洛雷莱"就是这样。相传这里有一个名叫洛雷莱的神女，常往来于山岩间，以其迷人的神态和回响不绝的歌声吸引来往的船夫，致使许多船夫忘了驾舟，触礁沉没，葬身河底。后来德国大诗入海涅将这一传说写成诗歌。

在威斯巴登西北的圣果阿豪森附近的莱茵河岸边，挺立着一座陡峭的山峰，高132米，游人在山上一声呼唤，山间就能发出12次回响，使游人惊叹不止。这座山峰就叫洛雷莱。

莱茵河支流内卡河畔的斯图加特，坐落在群山环抱、林木苍翠的河谷之中，是一个著名的文化城市，这里集中了德国的许多高等学校，由于国际书展在此举行故有"书城"的美名。该城工业发达，是全国最重要的综合性机械制造工业中心之一。这里生产的钟表占德国的85%，闻名世界的"奔驰"汽车总部就设在这里。

波恩是莱茵河中游与下游的分界点。莱茵河自南而北纵贯其间，把波恩一分为二，西岸面积占3/4，三座大桥又将城市两部分联结起来，河西岸是一条狭长地带。南部是古老的小镇巴德哥堡，这里曾是温泉疗养所在地。城内还有许多名胜古迹。大教堂巍巍壮观，始建于1050年前后，教堂上92米高的正方形是波恩的象征，教堂附近的诺侯宫殿雄伟壮丽。悠久的历史给波恩带来了灿烂的文化。伟大的音乐家贝多芬诞生在这里，他的故居1889年已改成纪念馆，成为世界音乐家和音乐爱好者敬慕的地方。

莱茵河自波恩以下至入海口为下游。河水流经北德平原和比荷低地，地势低平，水流通畅，在荷兰境内形成广大的河口三角洲，并分成多条支汊注入北海。这里属温带海洋性气候，降水丰沛，季节分配比较均匀，因此，对莱茵河水量的补给也较均匀。水文善稳定，水量常年丰富，为航运提供了有利的条件。

莱茵河下游，人口众多，城市密集，是经济重心地带。这里拥有现代化的工业和农业。地跨莱茵河右岸支流鲁尔河两岸的鲁尔区，是德国的心脏，也是西欧重要工业区之一，被称为欧洲的引擎。鲁尔区煤炭资源丰富，工业用水充足，特别是莱茵河及其支流便利的水运条件，促进了本区的发展。鲁尔工业区的特点是规模宏大，部门结构复杂、各部门间联系密切，组成了以重工业为中心的完整的地区工业综合体。鲁尔区面积仅有4500多平方公里，却集中了德国90%的煤炭、2/3的钢铁。鲁尔区人口稠密，城市栉比，著名的城市有埃森、多特蒙德、杜伊斯堡等。

杜伊斯堡在鲁尔区西缘，莱茵河畔，是德国最大的钢铁中心，也是莱茵河上最大的河港，年吞吐量居世界河港之首。

莱茵河进入荷兰境内之后，与马斯河、斯凯尔河共同形成了广阔的三角洲。在三角洲内，到处可以看到碧草如茵的大地上花田连绵，奶牛成群，风车林列，运河纵横，洋溢着田园牧歌式的情调。荷兰一向以畜牧业发达著称，奶制品很多世纪以前就向外出口。现在拥有的奶牛几乎平均每人一头。牛奶可以说是荷兰人民的液体粮食。莱茵河三角洲集中了荷兰近一半的人口，95%的钢铁生产能力和90%的炼油能力。

三角洲地区，地处欧洲海运最繁忙的水域，莱茵河又是欧洲的黄金水道。这里有世界第一大港鹿特丹。鹿特丹坐落于莱茵河入海口附近，人们把它叫做"莱茵河上的明珠"和"欧洲的门户"。鹿特丹之所以成为世界第一大港，与它的地理位置有很大关系。如以鹿特丹为中心，以250公里为半径画一圆圈，在这个圆圈内，共有1.8亿居民。西欧最发达的鲁尔工业区、比利时的沙城工业区、法国的洛林工业区、卢森堡和瑞士的工业区，都在这个范围之内。所以说鹿特丹是荷兰的港口，还不如说是欧洲的港口。目前，鹿特丹港还在扩建，扩建的港口称为"欧洲港"。随着经济发展的需要，莱茵河将发挥更大的作用。

"世界河之最" 亚马孙河

亚马孙河起源于南美洲安第斯山脉中段科罗普纳山的东侧，涓涓细流顺着山脉东麓古老岩石的表面向北流，在秘鲁伊基托斯市以北转而向东，一路上它汇聚了成千上万条支流，形成一股势不可挡的滚滚洪流，日夜不息地倾入大西洋，从而成为世界第一大河。

亚马孙河是拉丁美洲的骄傲。它浩浩荡荡，流经南美洲的8个国家和一个地区，滋润着700多万平方公里的广阔的土地。拉丁美洲人民为亚马孙河而自豪。

亚马孙河是世界上流量最大，流域面积最广的河流。全长6436公里，沿途接纳1000多条支流，其中长度在1500公里以上的大支流则有17条，流域面积达705万平方公里，约占南美大陆总面积的40%。多年来，国际地理学界一直认为埃及的尼罗河是世界最长的河流。但美国地质考察家经过反复测定，亚马孙河全长6751公里，超过了尼罗河，是世界上最长的河流。但新源头是否为正源，引起专家们的争议。

亚马孙河发源于秘鲁库斯科以南的华格拉山。上游从源地到马拉尼翁河口长约2560公里。从海拔5200多米的奇尔卡雪山流下，穿行于东、西科迪勒拉山脉之间的狭长高原上，河流深切，形成一系列急流瀑布。在库斯科以西130公里，穿阿普里马克峡谷出东科迪勒拉山脉，沿坡麓下行，在最后的260公里流程中，河面展宽，流速稍缓。到瑙塔附近，与源于秘鲁西部西科迪勒拉山脉东坡的马拉尼翁河汇合，河面宽2000多米，水量激增。

中游自马拉尼翁河口至马瑙斯，长2240公里。巴西境内段，又名索利蒙伊斯河，在秘鲁河港伊基托斯以下，转向东行，穿过80公里长的哥伦比亚和秘鲁国境，接纳构成秘鲁和巴西部分国界的雅瓦里河后，流贯巴西北部。河宽3000米。河中岛洲错列，河道呈网状分布。支流众多，均出于安第斯山东坡，源远流长，并呈羽状排列。

下游从马瑙斯至河口，长1600公里。初如中游河段，水深河宽，两岸阶地分明，地势低平，河漫滩上水网如织，湖泊星罗棋布。亚马孙河的入海口像是一个巨大的喇叭，因此，海潮可以沿河而上深入大陆600～1000公里，潮头高度一般为1～2米，大潮可以达到5米。每逢涨潮的时候，汹涌的浪潮铺天盖地，气势磅礴，其吼声在几公里以外都能听到。

亚马孙河流域地处赤道附近，气候炎热潮湿，雨量充沛，年平均温度在25～27摄氏度之间，年平均降水量1500～2500毫米。这种气候条件很适宜各种热带植物的生长。

1976年，巴西空军用红外线从空中拍摄了亚马孙流域的照片，通过对照片的分析，竟意外地发现了一条长达600公里的河流，这条河流由于被密密的森林和浓重的雾霭所遮盖，一直没有被人发现。

亚马孙河流域是一个矿物资源的聚宝盆。地下的宝藏，可以说还是一个巨大的未知数。就目前已经初步探测的结果来看，这里蕴藏着丰富的铝土、锡、锰、铀、银、金、石英、紫晶和石油等。

印第安人是亚马孙河流域地区最早的主人。1970年，在这一地区南部边缘瓦苏索斯部族居住的地方，发现了古代印第安人居住过的十几个洞穴，发掘出来大批陶器、石器等古物。据考古学家估计，生活在这些洞穴里的印第安人的活动年代，至少在9000～12000多年以前。目前，亚马孙地区居住着70～90万印第安人，他们分属241个部族，主要部族有马约鲁纳、雅马马迪、马瑙、穆拉和阿鲁亚夸人。这些部族讲37种语言和无数种方言。直到今天，相当一部分印第安族仍然处于原始的刀耕火种阶段，被摒弃在社会生活之外，称为"被遗忘的人"。

亚马孙平原位于南美洲亚马孙河的中下游地区，面积为560万平方公里，是世界面积最大的平原。亚马孙平原除邻近安第斯山麓的一小部分，分属哥伦比亚、厄瓜多尔、秘鲁和玻利维亚之外，其余都在巴西境内。

亚马孙平原在古代地质年代曾为海水浸没。后来，这个巨大的凹地，逐渐被亚马孙河及其支流，从北、西、南三面带来的大量沉积物填满而成为陆地。在这一望无垠的平原上，沉积土层深厚，富含有机质，适宜耕种。

亚马孙平原东西长，南北窄，东西长3200公里，西部南北最宽处1300公里，而东部最窄处仅240公里。

亚马孙平原地势坦荡，大部分地区海拔不足150米，平原又可根据海拔高度和所处的地理位置分为两部分。在亚马孙河沿岸和支流两侧地带，分布着宽窄不等的河漫滩，干流河漫滩宽可达80公里。在河漫滩上，广泛分布着大大小小的牛轭湖和沙洲。洪水期间，河漫滩被水淹没，形成汪洋一片，河漫滩的面积约占平原面积的100%。越过河漫滩两侧相对高度45~60米的陡坡之后，便是高位平原了。高位平原一般分布在各河流之间地区，不受水淹。

亚马孙河流域地势低平，河流比较微小，流速较慢，一到洪水季节，洪水宣泄不畅，水位可高出平均水位10~15米，大水淹没两岸数十至数百公里的平地，呈现出一片汪洋，因此，亚马孙河又有"河海"之称。

亚马孙河水按三个阶段循环，周而复始。这种水位的升降，支配着流域内人们的生活。人们按照季节的交替而不断地改变着生活方式。洪水时，人们把牲畜迁到高地上去，当洪水退下时，就开始播种和捕鱼。

亚马孙河口地区，由于下沉作用的影响，河水带入海洋的泥沙被沿岸海流带走，所以，没有出现三角洲，而成为喇叭状三角港，这就为海潮入侵提供了方便。每当大西洋涨潮入侵时，海水逆流而上，堵截了顺流而下的河水，形成1~2米的潮头。大潮时，常形成5米高的水墙逆流而上，其声传至数公里之外，气势磅礴，景色壮观。

亚马孙河具有非常优越的航运条件。它不仅水量丰富，河宽水深，而且比较微缓，主要河段上没有任何险滩瀑布，更无冰期，干流和各大支流之间直接通航，这样就构成了一个庞大而便利的水上航运网。载重3000吨的海轮沿干流可以到达秘鲁境内的伊基托斯，万吨海轮可达中游的马瑙斯，整个水系可通航里程达25000公里。航运条件是世界上任何一条河流望尘莫及的。

亚马孙河上游的港口城市伊基托斯，位于秘鲁东部的热带丛林中，建城已有130多年的历史。在本世纪初，曾经是种植园主和巨商大贾挥霍和娱乐之地。一些雕栏画壁的欧式建筑，至今仍保留着当年的风姿。

亚马孙河中游的马瑙斯市，是巴西西部新兴的工商业城市。最早是葡萄牙人为掠夺亚马孙流域财富设立的一个据点。它在1910的采摘橡胶热的时候，获得了发展。巴西政府于1968年设立了马瑙斯自由贸易区，区内进出口自由，各种外国货物比巴西其它地区要便宜一半以上。马瑙斯由于位于亚马孙河畔，万吨海轮可以直航本区海港，这里建有世界最大的浮动船码头，现在，这里已成为现代化的电子器件、木材等产品的工业基地。

在亚马孙河口地区的贝伦，是亚马孙流域最大的港口城市。它是亚马孙地区农产品的集散地，也是亚马孙河流域的一个中转站。由于近年来亚马孙流域经济的日益发展，贝伦的人口也在不断地增长，现在已达100多万人。

近年来，为了保护当地自然资源，共同开发亚马孙地区，亚马孙流域各国政府和人民不断加强经济互助合作，向地区经济一体化的道路前进。1978年3月，亚马孙地区8国外长在巴西首都签署了"亚马孙合作条约"。

目前，亚马孙地区各国正在共同努力合理开发亚马孙地区的自然资源，建立和完善这一地区的水陆交通，密切科技合作，保持生态平衡，使壮丽的亚马孙河发挥世界第一河的威力，造福于亚马孙流域的子孙万代。

"四大河之一"密西西比河

密西西比河是美国的第一大河，它一泻千里，奔腾不息。同南美洲的亚马孙河、非洲的尼罗河和中国的长江同称为世界四大长河。

从美国上空向下俯瞰时，密西西比河就像一条乳白色的飘带，由北向南嵌在美利坚合众国的大地上，银白色的河水静静地向南流着，河上一队队一列列的顶推驳船南来北往，呈现出一派繁忙的景象。

美丽富饶的密西西比河发源于美国西部偏北的落基山北段的群山峻岭之中，逶迤千里，曲折蜿蜒，由北向南纵贯美国大平原，注入墨西哥湾，全长3950公里。但是，它比最大的支流密苏里河还短418公里。根据河源唯远的原则，把密苏里河的长度，加上从密苏里河汇入密西西比河河口以下的长度，则密西西比河长6262公里，是北美大陆上流程最远、流域面积最广、水量最大的水系。

这条大河滔滔不绝的河水像乳汁一样抚育了密西西比河整个流域的人们。美国人民长期以来称源远流长的密西西比河为"老人河"，是"河流之父"的意思。

密西西比河流域范围很广，众多的支流，联系着大半个美国的经济区域。整个水系流经美国本土48州中的31个州，加拿大的两个州。北起北美五大湖附近，南达墨西哥湾，南北长达2400公里，从西边的落基山到东南的阿巴拉契亚山地，东西宽约2700公里，全流域面积达322万平方公里，绝大部分在美国境内，占美国全部领土的2/5左右。在世界各大河流域面积中，仅次于南美洲的亚马孙河和非洲的刚果河，居世界第三位。

密西西比河的支流很多，比较重要的有54条，由于气候地貌等条件的异同，使东西两侧支流的水文特征截然不同。其中最主要的支流有俄亥俄河、密苏里河、雷德河和田纳西河等。这些支流像一棵大树上的茂密的枝丫似的分布在整个流域之中。

密西西比河本身发源于明尼苏达州北部地区的伊塔斯卡湖附近，向南流入墨西哥湾，全长3950公里。这条干流的上游是发育在古老的岩面上，那里又经过强烈的冰蚀，所以，土质很薄，河岸往往是坚岩外露，风景优美。星罗棋布的湖泊在明尼苏达州就有上万个。这些大大小小的湖泊像天然水库一样对密西西比河的水源补给起了重要的调节作用。其中最有代表性的是密苏里河。

密苏里河主流发源于美国西北部地区落基山脉的黄石公园附近。另一支流发源于加拿大与美国的边境地区，河流水量小，含沙量大，水位变化大。密苏里河年平均流量约每秒2000立方米，但是，初夏洪水期最大流量可达每秒22640立方米，而在冬季枯水期时，最小流量每秒仅120立方米。特别是大雨之后，混浊的泥水似泥流一般，滚滚流入密西西比河，甚至在密苏里河口以下100多公里内，混浊的密苏里河水与清澄的密西西比河水，还能分辨。因此对于生活在密苏里河岸的人，各方面都有一定的影响。

从伊塔斯卡湖至密苏里河口，这段密西西比河干流也属上游地区。河水从伊塔斯卡湖流出后，蜿蜒于森林和沼泽之中，在这里水流是缓慢的，这与一般河流上游水流湍急的情景完全不同。在河源附近，是星罗棋布的大大小小湖泊。在这一河段上，坐落着美国中北部最年轻的大城市——"双子城"，也称为千湖之城。该城由于地处春小麦与乳酪带的交界处，再加上密西西比河丰富的水利资源相配合，成为美国重要的轻工业中心之一，它又是美国重要枫树产地。枫树既能绿化大地，美化环境，还可提取枫糖，木材可制家具或供建筑之用。每年采摘红叶季节，许多人来这里观赏与采集，现已开发成了游览区。

密西西比河的中游河段比较短，一般从密苏里河与密西西比河汇合处算起，直到俄亥俄河河口为止，全长320公里。主要包括密苏里州和伊利诺伊州的部分地区。这里有许多重要的经济中心和交通枢纽，如被称为"向西进发的门户"的圣路易斯和印第安纳波利斯等，就坐落在密西西比河中游河畔。

最富有特色的是圣路易斯，在密西西比河畔建有高耸入云的巨大钢构拱门，风光秀丽的密西西比河宛如一条玉带从这座雄伟壮观的萨里南拱门脚下流过，给城市增添了多姿的景色。高192米的萨里南拱门是1964年动工的，用了2年时间建成。坐电梯到达顶层，从高处眺望，密西西比河两岸美景尽收眼底。

圣路易斯位于美国本土中央，地理位置非常重要，经济腹地广大，交通便利，有丰富的煤铁资源。在这800公里范围内，居住着美国总人口的35%，有近3500多家工厂企业，是美国最大飞机制造公司所在地。它的港口岸线长达116公里，共有86座现代化码头，与美国55个城市有直达班机来往。此外，有14条铁路汇集于此，是美国北方工业区的集合体地区之一，也是美国最大的内河航运中心。

密西西比河的下游河段则从俄亥俄河口起一直到密西西比河三角洲的河口部分，全长1570公里。这个下游河段比较平坦，河流的曲度也不大，这里气候温和，雨量充沛，属于亚热带湿润地区。

密西西比河大部分是平原，俄亥俄河口宽25公里，顺流而下谷地逐渐加宽，一直可宽达100多公里。谷底大部分已经沼泽化了，河身异常弯曲，有许多旧河床和河曲。这里土壤肥沃，现已被高度利用，是美国玉米最大产地。

在密西西比河下游，有最大的港口城市孟菲斯。现在是美国农畜产品的一个大的集散地，也是农机制造、汽车装配、制药、木材和农产品加工基地。

密西西比河在巴吞鲁日城下，开始进入三角洲地区。三角洲地区地势低平，河堤两岸多沼泽、洼地分布，河口分三支成鸟爪状向海外伸展。各支河附近每年都沉积大量冲积物，因而使三角洲的面积在过去的150年内增加了129平方公里。目前三角洲仍以平均每年75米的速度向墨西哥湾延伸。

美国最大的海港新奥尔良位于密西西比河三角洲上。它主要承担大宗货物的运输以及世界各地的物资中转。共有深水岸线380公里，每天有近百艘来自世界各地的船只进出。目前成为仅次于荷兰鹿特丹港的世界第二大海港。

在新奥尔良西北120公里处的巴吞鲁日，河宽水深，航运极为便利，同时，也是美国南方重要工业城市。该市生产的石油化工产品，无论在数量上还是在质量上，都仅次于休斯敦，居美国第二。市中心的自然科学博物馆和艺术博物馆是最引人入胜的地方，每年来此参观的国内外游客达400万之多。

密西西比河，从开始垦殖的时候起，就是南北航运大动脉。但历史上的密西西比河灾害比较频繁。20世纪初期，中下游地段河水不断发生泛滥，许多人背井离乡，流离失所。但是经过开发建设，现在的密西西比河已发生了翻天复地的变化。洪水早被控制，水源得到充分利用，工业城镇星罗棋布，到处是一片勃勃生机，繁忙的船队与轻快的游艇使美国这条源远流长的大河复苏了。

美丽富饶的密西西比河为美国的大地增色添辉，使它更加美丽多姿。

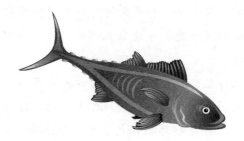

"世界之桥" 巴拿马运河

在美洲中部的巴拿马地峡，西濒太平洋，东临大西洋，连接着南、北美大陆，其间有一条大运河，这就是赫赫有名的巴拿马运河。

巴拿马共和国由于巴拿马运河而驰名于世界，被誉为"世界的桥梁之国"。巴拿马运河沟通了太平洋和大西洋的水上交通运输，同时，它在习惯上又是南、北美洲的分界线。

巴拿马地峡狭窄而弯曲，在它的东西两侧，分别有一列西北—东南走向的山脉。它们的末端错开着形成一个缺口，宽度67公里，占据其间的是坡度陡峻的圆丘，最高点海拔不过87米。地峡的东西两岸，景色显然有别。面向加勒比海的东岸，雨量充沛，满布着葱郁的热带雨林；面向太平洋的西岸，则雨量显著减少，有的地方甚至是热带稀树草原。

公元16世纪前，印第安人早已在巴拿马地峡地区居住，当时，西班牙殖民主义到达巴拿马地峡，由此，欧洲人才第一次发现这个地峡的存在。西班牙探险家巴尔博亚也曾率船员在巴拿马地峡作了一次考察，他们攀爬了巴拿马的丛山，穿越了原始森林，登上了险峻的山坡，于1513年9月25日来到一座光秃秃的山脚下。当同行者以为无路可走时，巴尔博亚已带着他的爱犬沿着陡峻的山坡奋力攀登到了山顶，这时在他眼前展现出的是一望无际的蔚蓝色的海洋，这就是太平洋。巴尔博亚还被人称为太平洋的发现者。现在巴拿马运河东岸的巴尔博亚城就是以那位探险家的名字命名的。

由于殖民主义者对黄金的贪婪，从探险家到达巴拿马地峡以后，许多冒险家接踵而至。他们所到之处给那里的人民带来了巨大的浩劫，大批印第安人被杀或当做牲口一样牵到市场上出售，大量财富被抢掠。殖民主义的文明给印第安人带来了灾难和毁灭。直到1821年11月28日巴拿马从西班牙殖民主义的统治下获得独立，并加入博利瓦尔在1819年建立的大哥伦比亚。

由于地峡处于两大洋的战略地位，16世纪20年代西班牙国王查理五世曾经下令研究开凿巴拿马运河的可能性。菲利普二世时也曾满腔热情地派人调查过巴拿马地峡，想在那里修一条联系两大洋的运河。1814年，西班牙又提出了利用查格雷斯河来沟通两大洋交通的考虑，但都并没有付诸实施。

1879年法国"全球巴拿马洋际运河公司"从当时统辖巴拿马的大哥伦比亚联邦那里取得了运河开凿权，并于1880年1月1日正式着手开凿，运河工程由曾经负责修建苏伊士运河的菲迪南德·勒赛普主持。他以第一个通过苏伊士运河的骄傲姿态部署了巴拿马运河工程计划。但是，由于巴拿马地峡自然条件与苏伊士地峡不同，这里是个潮湿而又多山的地带，最低处海拔近100米，而勒赛普却未能因地制宜，还想和苏伊士运河一样，修建与两大洋洋面一致的海平面运河，想使运河自然地从一个大洋流向另一个大洋，所以，开凿工程遇到了意想不到的困难，加上暴雨成灾，山崩不断，以及霍乱的蔓延，使大批开河劳工死亡，还有经营管理问题等等，结果，花了10年时间，耗资26200万

美元，只挖了计划的1/4的长度，就被迫宣布破产。

与此同时，美国西海岸的加利福尼亚已发现金矿，大批美国人从东部被吸引到西部，掀起了开采黄金的热潮。由于美国西部落基山的险恶地理条件和纵横的河流的阻挡，从东部前往西海岸的人们往往经由海路转道巴拿马地峡，再经地峡到达假想的黄金国——加利福尼亚，因此，美国开凿巴拿马运河、沟通两大洋的航路的要求更加迫切了。1902年，美国以4000万美元购买了法国公司的全部财产。同时，美国利用英国在南非发动战争失利的时机，在1901年与英国签定条约，迫使英国同意废除原在1850年美英双方承诺的关于不得在运河区拥有所有权和建要塞的有关条约，由美国政府单独开凿和控制这个运河。

美国排除了英、法势力后，在1902年便向哥伦比亚政府提出开凿运河和永久租借运河两岸约5公里土地的要求，由于哥伦比亚国内人民的反对，议会拒绝了美国的要求，这大大触怒了美国政府。1903年，美国直接参与和策动了一场所谓革命，使巴拿马在1903年11月3日脱离哥伦比亚宣布独立。接着，美国就强迫巴拿马签订了条约，这就是《巴拿马运河条约》。条约规定，美国有永久占领、使用、控制巴拿马运河区的权利；美国像主权所有者那样在运河区拥有一切权利、权力和权威，而美国为此仅仅给巴拿马1000万美元，9年后每年再付款25万美元。

1904年美国继续开始巴拿马运河的开凿工程，他们接受法国公司失败的教训，决定修建水闸式运河。那时巴拿马全国只有30万人口，巴拿马城只有2万多人，不可能提供大量劳动力，结果除从当地及西印度群岛雇佣工人外，还从非洲购买黑人，从南欧和东南亚、中国雇来数万劳工。据统计，从1880年第一次开工到1914年8月15日正式完工，共死去了10万多劳工，因此，人们称这条运河两岸为"死亡的河岸"。

巴拿马运河从1904年开工，到1914年8月15日完工，历时10年，耗资38700万美元。完工这一天，万吨蒸汽货轮"埃朗贡"号首次通过运河。不过，直到1920年7月美国才宣布运河供国际使用。

巴拿马运河对美国来说，无论从经济利益，还是从军事价值来说都是十分重要的，因此，巴拿马运河被称之为美国的地峡生命线。

在经济方面，美国国内东、南海岸与西海岸间的经济交往，美国大西洋沿岸与南美大陆西海岸，以及整个太平洋地区的贸易往来，由于运河的通航而更为便捷了，而且，美国从征收世界各国船只通过运河的税收中又攫取了巨额利润。据统计，在运河供国际使用的60年中，美国攫取了450亿美元的经济收入，平均每年达7.5亿美元左右。

在军事方面，美国利用运河来推行它的全球战略。以运河为中心，沿运河中流线东西两侧延伸宽16.1公里、面积共1432平方公里的地带被划为运河区。美国在运河区设有美国南方司令部，主要负责美国本土以外西半球三军行动，在那里设有14个美国军事基地，驻军2万多，名为保护运河，实际上是作为美国干涉、侵略南美各国的桥头堡。美国长期以来把运河区变成了在别国领土内设立的一个"殖民工地"、"国中之国"。运河区同巴拿马首都巴拿马城间有边界。运河区是由巴拿马运河公司经营管理，它是美国政府的一个机构，董事长由总统任命。

半个多世纪以来，运河给巴拿马人民带来深重的灾难。从1903年巴美签订了不平等的运河条约以来，巴拿马人民为收复运河区的主权，就开始进行了不屈不挠的英勇斗争。其中迫使美国在1936年和1955年两

次修改运河条约。1959年和1964又爆发了全国空前规模的反美爱国斗争。美国政府被迫签署了新的"巴拿马运河条约"。新条约规定，从1979年10月1日起，在20年期间巴拿马将逐步收回运河及运河区主权，到1999年底巴拿马将全部承担对运河的管理和防务。新条约生效后，在运河区升起了巴拿马国旗，巴拿马运河由巴、美两国人员组成的委员会领导。巴拿马每年从运河区得到的收入增长到8000万美元。

巴拿马运河像一座水桥，流淌在巴拿马共和国的中部，它从大西洋的利蒙湾通向太平洋的巴拿马湾，全长81.3公里，最宽的地方304米，最窄的地方只有91米。巴拿马运河是一条重要的国际航运水道。它的通航使两大洋的沿岸航程缩短了10000多公里。

运河是复线水闸式的，船只通过运河需经三级水闸，每个水闸宽为34米，长为312米，历史上通过运河最长的船为296米，横弦最宽为33米，吨位最重为61078万吨。海轮由大西洋航经巴拿马运河驶向太平洋，首先驶入长约12公里、宽150米、水深12.6米的利蒙湾深水航道至克里斯托瓦尔港；通过由3座船闸组成的加通水闸后，水位升高26米，进入加通湖，该湖航道大约38公里，宽150～300米，深13.7～26.5米，其航向转为东南，略呈S形，航至甘博阿；然后入库莱布拉航道，再经佩德罗—米格尔船闸、米拉弗洛雷斯湖小段航道以及由2座船闸组成的米拉弗洛雷斯水闸，水位复降至海平面，抵巴尔博亚；最后是巴拿马湾深水航道。运河的6座船闸均为双道对开闸门结构，以便来往船只可同时对开过往。

巴拿马运河大大缩短了太平洋和大西洋之间的航程，方便了拉丁美洲东海岸与西海岸以及与亚洲、大洋洲的联系，具有重要的经济和战略意义。例如从纽约到旧金山，经巴拿马运河比绕道南美洲南端麦哲伦海峡，缩短航程12579公里；从纽约到日本横滨，缩短航程5354公里；从纽约到夏威夷的火奴鲁鲁缩短了近一个月的航程，从纽约到关岛也缩短20余天。每年通过运河的船只达15000多艘，总吨位在1.5亿吨以上，货运量占世界海上货运量的5%。约60多个国家和地区使用运河，其中美国居首位，其次是日本。运河区劳务收入和船只通行税为巴拿马经济的重要支柱之一。

巴拿马运河船只较小，通过时间较长，不能适应大型船舶和快速运输的需要，目前运河的通航量也已接近饱和。2006年10月，巴拿马政府经过全民公投通过巴拿马运河扩建计划。扩建工程预计于2014年完工，扩建后的运河将给世界贸易发展带来重要影响。

"澳洲第一河" 墨累河

墨累河是澳大利亚主要河流，也是澳大利亚一条唯一发育完整的水系。墨累河由数十条大小支流组成，如达令河、拉克伦河、马兰比吉河，米塔米塔河、奥文斯河、古尔本河和洛登河等；其中最大的是达令河，再次是马兰比吉河。从达令河源头算起，总长3750公里，流域面积105.7万平方公里。水系流贯大陆东南部中央低区，包括昆士兰州南部、维多利亚北部和新南威尔士州大部分地区。它发源于湿润多雨的东部山地，流向西部半湿润地区，然后再经半干旱的内陆平原南部，奔流入海，有效集水面积只有40万平方公里。

在长距离的缓慢流程中，蒸发量渐次增加，河流水量不大，一些河道经常干涸。全水系入海处年平均流量715立方米／秒，年平均径流总量236亿立方米。

墨累河发源于新南威尔士州东南部的派勒特山。流向西转西北，构成新南威尔士和维多利亚州的大部分边界，穿过休姆水库，至南澳大利亚的摩根急转向南，后流过亚历山德里娜湖，注入印度洋的因康特湾。

墨累河谷是极重要的经济区，横跨小麦带和牧羊带，饲养牛、羊，生产粮食和酒。1915年成立了由三州和联邦政府代表组成的墨累河委员会，组织合理利用和开发该河。在墨累河以及其它支流上建立了许多水库，主要有墨累河的休姆水库和维多利亚湖水库，达令河上的梅宁水库和自芒舍迪至文特沃思的一系列水库。

河谷主要城市有奥尔伯里、伊丘卡、斯旺希尔、伦马克和默里布里奇。当地人民用自己的双手，正在不断开发、建设墨累河，让它更好地造福于人类。

◎ 河与生态 ◎

　　河流不但培育了人类的文化，并更早和更为广泛地养育着动植物的生命。

　　无论是在水中还是河流两岸，溪流和江河造就了生物的千奇百态……

亚马孙河热带雨林

亚马孙流域是一座巨大的天然热带植物园。据统计，这一地区的植物品种不下5万种，其中已经作出分类的就有25000多种。茂密葱茏的林海覆盖了整个亚马孙河流域，以至它的一些支流至今还没有被发现。

亚马孙河流域大约拥有8亿多立方米的木材储量，占世界木材总储量的1/5。大部分树木属于热带常绿雨林，主要树木有高达80米的巴西果、蚂蚁群居的蚁巢木，具有很高经济价值的三叶胶、黄檀树、可可树和各种棕榈科树种。亚马孙河流域的树木种类繁多，植物的生长期接连不断，没有固定的落叶季节。人们在这里看到的是一片青葱，根本感觉不到季节的交替。

在这个绿色的大海里，踩在你脚下的是卷柏等地面植被；同你身高不相上下的是草木植物、灌木和矮小的乔木；越过你头顶的是喜阴凉的棕榈、可可树等乔木。在万绿丛中，还有许多种"巨人树"，例如巴西果、乳木等，高达70～80米，犹如挺立在大地上的高大卫士，忠实地守护着四周绿色的宝藏。

亚马孙河流域的动物种类也很丰富，有不少珍禽异兽。主要有美洲豹、獏、树豪猪等。这一地区森林茂密，再加上河滩地带定期泛滥，这种特殊的地理环境迫使这里的动物必须学会攀援树木或者葛藤，而树枝和葛藤是经受不住过于笨重的动物的，因此，亚马孙地区的哺乳动物一般体形都比较小，而且大多数是生活在树上，例如树獭、绢猴、小食蚁兽、蝙蝠等。

亚马孙河主流和支流中的鱼种多达2000种，这里有长4米、重200多千克的皮拉鲁库鱼，有带有发电器官的电鳗和电鲶。巨龟和龟蛋是当地居民的主要食品之一，龟蛋可以制成龟油。两栖类动物中最著名的是树蛙和负子蟾。这一地区现在已经知道的鸟类就有1500多种。昆虫的种类不计其数，光是蚂蚁就有5000种。昆虫之多，由此可见一斑，真可以称得上是昆虫王国！

鱼类最多的亚马孙河

据调查，世界鱼类最多的河流是南美的亚马孙河。该河内生存的鱼类约有2000种，占世界淡水鱼种数的40%，比非洲刚果河多出1.5倍。这里有世界上最大的淡水鱼之一的皮拉鲁库鱼；还有世界上最凶残的皮拉伊鱼；有能够同时观察水上水下的四眼鱼；也有世界上放电量最大的电鳗，真是奇鱼相汇、同聚一水啊！

亚马孙河为什么鱼类如此丰富呢？这与它的独特的自然环境分不开。亚马孙河是世界大河之一，它从秘鲁安第斯山发源后，东经广阔无垠的亚马孙平原，在巴西马拉若岛注入大西洋，全长6436公里。整个水系，1000公里以上的支流就有20多条，流域面积705万平方公里，几乎占南美大陆的40%，等于我国长江流域的四倍。这条大河主要流经赤道附近的多雨区，水量终年充沛，是全世界流域面积最广和水量最大的河流。亚马孙河的这种地理位置和水系特征，给生物世界提供了优异的环境条件，沿水系两侧，森林馥郁蔽空，气候阴湿多变，土质营养丰富，水文条件适宜，这些都给淡水鱼提供了繁衍、生存的舞台。如果再加上自然历史发展的种种因素，亚马孙河成为世界鱼类最多的河流就更不足为奇了。

大河出大鱼，这是一般规律。亚马孙河产有一种大鱼——皮拉鲁库鱼，长可达4米，重约200千克。这种鱼肉味鲜美，营养丰富，吃法有新鲜、盐腌、烤干三种，是当地居民一大美肴。此外，这种鱼的繁殖能力很强，一般不会产生绝种危机。可是有一种名叫卡里别里的小鱼，倒成为皮拉鲁库鱼的天然敌害。这种鱼在袭击皮拉鲁库鱼时，多是从下面向大鱼展开攻势，它们先把大鱼的骨鳍咬下，使之无法游动，然后全群一涌而上，争着抢食，倾刻即把一条大鱼吃光。人们常说："大鱼吃小鱼。"然而在亚马孙河里，却有"小鱼吃大鱼"的奇异情形。

水中的生态平衡

　　南美洲的亚马孙河是世界上淡水鱼最多的水系。在那里每一处水域中，都有着比世界其他生态体系更多的掠食者。它们是创造自然界神奇的原动力。当掠食者进行掠食的时侯，"大鱼吃小鱼，小鱼吃虾米"虽然不太合乎人类的"道德"，然而，从另一个角度来看，"掠食"丰富了自然界，它们使单一物种不会无限超生，除去了过于量大的鱼种，从而保证了生物界的多样性。

　　最具力量的亚马孙河和最广大的原始雨林孕育出地球上最丰富的生态体系。掠食者是形成它多样性的重要因素，而最终成为最强的掠食者便是人类。

　　在最偏远地区，当地人靠着大河和雨林为生，他们许多的渔猎技巧都是承袭了当地的印地安人。

　　利用弓箭打鱼的方法只能使用于旱季。也就是鱼被困在浅滩的时侯，许多鱼并没有利齿，但有锯齿状的鳍必须小心处理。

　　在一些浅滩里，有数百条的红腹食人鱼，当它们攻击其他因湖面缩小被困的鱼儿时，是相当疯狂的。

　　食人鱼体长3米，重达130多千克。这种怪物要进食的时候只要把嘴张开，就将猎物吸入腹中。有一种巨骨舌鱼被称为"化石鱼"，它的舌头突出下颚，由牙齿包围着，它只要用舌头往上颚一顶，食物就完全粉碎了。不幸的是，由于人类这种最强大的"掠食者"使这类巨大的鱼愈来愈少见了。

　　大头龟很容易被独木舟上的渔人所缉。大头龟的嘴很尖利，不像人们平时所知道的草食性乌龟；大头龟是肉食性的，它们是亚马孙河食物链中的一环。

富饶的亚马孙河隐藏着许多人类"掠食者"，他们捕获到的大头龟，中等大小的龟大约卖5美元。虽然大头龟是被保护的动物，但文明人的法律对偏远地区往往是鞭长莫及的。

人类为了获得大量的蛋白质，便大量地捕食大头龟。但是，大自然也有休息法则。过多地捕捉大头龟，使得某些鱼类在亚马孙河的平衡受到了破坏。

雨季来临，河水上涨，湖和河道的水位很快会漫过岸边。鱼儿便四处流窜而不易捕捉，随着水位的上升，掠食者面临不同的问题。长相原始而奇怪的波多海豚属于大型的掠食者，体长可达2～4米以上。他们每天须吃9千克的鱼。在雨季，波多海豚可以随着鱼游入雨林之中，运用它们的声纳系统，可以了解树木枝干的位置。

被淹没的森林提供水果和昆虫作为食物，像天赐的食物般落入水中，替掠食者们将鱼养得肥嘟嘟的，并将不速之客带入水中。

渔人将独木舟划入曾是干土的雨林之中，波多海豚好奇地跟着渔夫，因为它们与人类接触密切，共同宰割水中的鱼类。

渔夫利用河水将细网设在森林中。海豚看着他做，它们同渔夫分享同一个渔区。尼龙网在17世纪才开始在亚马孙河使用，但已经大幅度地改变渔猎的方式，以及鱼群数目。

鱼是看不见尼龙网的，在那里已经困住许多成为猎物的鱼儿。它们的鳃和鳍挂在网上，上网的鱼进退两难。

水的涨落带动着鱼类的迁徙，渔民用叉子叉鱼，不可思议的鱼群和激流对抗着，同时要面临人类这个最强大的"掠食者"。

在亚马孙河里，掠食者与鱼类之间已经不再平衡了，当人类成为无敌的掠食者之后，曾经是进化原动力的掠食，可能很快变成亚马孙河多样性的阻力。所以，动物保护者在呼吁：我们对动物蛋白质的需求应该严格受到管制，使自然界生态达到平衡。

非洲肺鱼以夏眠等待雨季

　　非洲肺鱼的肺相当于一般鱼的鱼鳔，不同的是：肺鱼的鳔和食道相通，像一个囊，里面分布了分支繁多的血管，能够像肺那样鼓动，吸进氧气和排出二氧化碳的肺鱼的鼻腔和口腔相通。这也是跟其他鱼类不同的。

　　非洲沼泽地带，雨季来临，降水充沛，肺鱼就在江河中用鳃呼吸，十分活跃。到了旱季，降水稀少，沼泽里的水干涸的时候，就不能随意活动了。于是它就钻进泥地里，把身体卷曲起来，直到尾巴弯到头部为止。这时候，从表皮上渗出一层粘液，使躯体和泥洞间覆上了一层衬里。嘴的四周，也由这种粘液结成了个圆形漏斗，直通外面，让空气进入肺部好呼吸。

　　肺鱼在泥洞里夏眠时能坚持好几个月，不吃不喝，依靠自己原有的丰富脂肪来活命。等到雨季再次来到，重新又到水里去，恢复那过去的活跃生活。

黑龙江中的鳇鱼

海洋是咸水，生长在那里的鱼，叫咸水鱼；江河是淡水，生长在这里的鱼，叫淡水鱼。在淡水鱼里也有大得出奇的鱼。这种出奇的大淡水鱼，就是鳇鱼。

鳇鱼生长在我们中国的黑龙江，在现代动物分类学上，鳇鱼归属于鲟鱼科，是淡水性的底栖鱼类，多在江底活动。除每年7月繁殖季节外，它一般很少浮于水的上层，以鲤鱼、鲶鱼等为食。

成年的鳇鱼，一般身长3～5米，体重500千克以上。我国黑河地区的渔民在上世纪30年代、40年代，常常捕到1200～2000多千克重的大鳇鱼。50年代后，则很少见到大鳇鱼了，只先后捕到501千克、709千克两条鳇鱼。

鳇鱼的体型呈纺锤形，很像海中的鲨鱼。

鳇鱼不洄游，终年栖息在深水中，是一种生活在江河的定居型鱼种。它脾气暴躁，发怒时会撞翻渔船，或把船逆水拖到远处。它常潜伏江河急、缓水交汇处，当小鱼被激流冲击得晕头转向时，它只须张口就行了。它很贪食，有人解剖一条重250千克的鳇鱼，腹内竟有30千克食物。由于吃得多，所以生长迅速。

鳇鱼的自然寿命比其它淡水鱼长，一般能活40～60年。鳇鱼不长牙齿，吃别的鱼时，是活吞下去。它最喜欢吃由海洋洄游到黑龙江的大马哈鱼。

鳇鱼肉、卵（鱼籽）都是中外驰名的珍贵食品，味道鲜美，营养价值很高。鳇鱼的肝部有毒不能吃。鳇鱼的鼻子，有脆骨质的，长而透明。民间用它为患"天花"、"麻疹"的儿童治病，还用它为产妇催奶。

渔民捕鳇鱼是很有趣的。传统的捕法叫做"滚钩捕鳇"法，将一根8米长的钢筋做成很锋利的大型鱼钩，用拇指般粗的长绳为钩线，拴上很多钢钩，拦江而下。每天清晨看钩线是否有鳇鱼被钩住。如有鱼时，必须将钩线起动，一头拴在小船上，用船把已钩住的鳇鱼拖到无江槽的浅滩处，在鳇鱼的后边下网，防其脱钩脱掉。尔后，再用两条与钩线一般粗的长绳子上拴一尺长如茶杯粗的棒子，由打渔者从鳇鱼的腮盖穿过。这叫给它戴笼头。最后，把它拉到江岸上，才算把它捕获成功。

"众水之母"湄公河

湄公河是东南亚第一巨川，世界大河流之一。它源远流长，上游是澜沧江，发源于中国青藏高原唐古拉山脉的东北坡。澜沧江在中国、缅甸和老挝的边界附近流入中南半岛以后，就叫湄公河。湄公河的流向是由北往南，流经缅甸、泰国，老挝、柬埔寨和越南，注入南海。湄公河和澜沧江总长4500公里，流域总面积81万平方公里，其中湄公河长2888公里，流域面积65.6万平方公里。

湄公河这个名字出自泰语，意思是"众水之母"，又可引伸为"希望之母"。老挝几乎全境以及泰国的东半壁的所有河流，全都从不同方向下注湄公河，它和沿岸广大地区人民的生活非常密切。

湄公河在中南半岛的流程可分为上游、中游、下游和三角洲。上游，从中国、缅甸、老挝三国边界到老挝的万象市，长1053公里，流经的大部分地区海拔200～1500米，地形起伏较大，主要是茫茫山林，极有开发价值。

由万象市到巴色市，长724公里，是湄公河的中游。这一段湄公河流经呵叻高原和富良山脉的山脚丘陵之间，由西北方向折往东南方向。大部分地面海拔100～200米，起伏不大。但是，从沙湾拿吉以下，河床坡度下降比较陡，有几处急流，河水奔腾咆哮，波涛翻滚。

从老挝的巴色到柬埔寨的金边，长559公里，是湄公河的下游。下游地势平坦，略有起伏，海拔不到100米，河身宽阔，多汊流。但某些地段砂石形成的小山紧夹河道，河道还横贯玄武岩脉，构成许多险滩急流，例如在老挝南部边境有一个康瀑布，宽达10公里，高20余米。磅湛以下，地面海拔不到10余米。这里过去原来是海湾，由于地壳上升，湄公河及沿岸溪流的泥沙长期沉积，加速了海湾淤塞，形成了古三角洲，最后剩下的水体就是现在的金边湖。如果以目前的淤积速度继续进行下去，今后不到200年，金边湖就会完全被淤积成陆地而消失。

从金边以下到河口，湄公河长332公里，属于新三角洲范围，河道分支特别多。湄公河在金边城东接纳淡水江以后，立即再分成前江和后江，因此金边附近一共有四条河道相汇，称为"四臂湾"。前江和后江往东南流，进入越南南方，陆续分成6支，最后由9个海口入海。所以越南称三角洲上的湄公河为九龙江。

湄公河新三角洲的面积有44000平方公里，是东南亚最大的河口三角洲，地势平坦，平均海拔不到2米，往东去，地势越来越低，仅仅略为高出海面。这里一片水乡泽国，大片的稻田、鱼塘和果园一望无际，是三角洲上最富饶的鱼米之乡。

湄公河流域的降水主要来自西南和东北季风，尤以来自印度洋的西南季风为主。由于流域东西两侧山脉走向垂直于季风风向，有利于地形雨的形成，年降雨量最大，可达2500～3750毫米，中下游及三角洲沿河两岸年雨量达1500～2000毫米。泰国的呵叻高原由于地处内陆，年雨量稍少，但仍有1000～1250毫米。同时，上源澜沧江也带来大量的雪山水源。结果使湄公河年平均流量达4600多亿立方米，成为东南亚最大的河流。湄公河的流域面积与多瑙河几乎相等，而年平均流量几乎是多瑙河的两倍。湄公河不仅水资源丰富，而且干、支流的峡谷地形还有利于建筑水坝，有蓄洪、发电之利，可促进工矿业的发展和沿岸地区的经济开发。

湄公河流域绝大部分处在热带地区，气温高，降水多，十分有利于热带作物的生长；湄公河定期泛滥给下游、三角洲地区带来了肥沃的淤泥，有利于沿岸地区农业生产的发展。湄公河流域内的橡胶树、椰子树以及稻谷、棉花、咖啡、烟草、甘蔗等生长良好，是东南亚的重要产地。其中糖棕树和呵叻糯稻是湄公河流域的特产。

湄公河的渔业资源十分丰富，它的干支流以及洞里萨湖是良好的水产天然养殖场。洞里萨湖的水产品大量运销外地，有不少著名鱼产，如黑鲤鱼、黑斑鱼和名贵的"坐鲈"等。汛期平均每平方米的水面可产鱼1斤，枯水时鱼群挤在浅滩树丛中，可用篮子捞取，或随手捡拾，洞里萨湖是世界著名的淡水鱼产区之一。湄公河巴勒鱼颇像中国的黄河鲤鱼，但它身长，鳞薄，肉嫩，而游动不快，便于捕捞，是湄公河的特产。

湄公河流域内森林覆盖着70%以上的地面，它不仅有利于保持水土，而且林中有不少优品良材，如柚木、紫檀、乌木、铁木等。暹罗安息香是湄公河流域的特产，驰名世界。此外还有豆蔻、桂皮、樟脑、檀香等多种林产和药材。流域内的高山草场还是放牧牲畜的良好牧场。

湄公河流域的泰国和老挝是亚洲地区产象最多的地区。老挝的领土的大部分是山地和高原，在东南亚有"中南半岛屋脊"之称，全国大部分被浓密的森林覆盖着。在森林里有许多珍禽，如虎、豹、犀牛、孔雀等，但最为著名的还是大象。象在老挝到处可以看到，北部山林中象群最多。

在泰国，白象被视为珍稀之宝，红底白象旗曾经是泰国国旗，因此泰国有"白象王国"之称。

"河海旅行家"鳗鲡

青少年自然科学普及丛书
qingshaonianzirankepucongshu

江河博览

鳗鲡就是日常所指的鳗鱼。这是一种奇特的鱼类，一生中半辈子生活在海洋里，半辈子生活在江河中。每年入冬后，鳗鲡从江河漫游入海，在西沙群岛和南沙群岛附近或其他海区约四五百米深处的海底产卵。孵化后的鳗苗，又能成群结队地竞相逆流而上，游回江河内发育生长。这是一种洄游现象。

在洄游中，鳗鲡不仅能攀登瀑布、水坝，甚至还能爬过潮湿的巨石，所以在四周土地包围的池塘中，有时也可以钓到鳗鱼。

鳗鲡是降河洄游的鱼类，它们海里出生，江河里长大。每到秋天，成熟的鳗鲡就穿上银白色的婚装，作好了旅行产卵的准备。虽然鳗鱼是肉食性鱼类中最贪食者，但此时它们停止进食，眼睛胀大，嘴唇变薄，头变尖，背脊色加深呈深褐色，腹部由黄绿色变为银白色。鳗鲡经过长途旅行，历经千般折磨，行程几千里，终于疲劳不堪地到达产卵场，婚配产卵后生命也到了尽头。

刚孵出的鳗鲡十分细小，形似柳叶，通身透明，称为"柳叶仔鳗"。它们随海流漂到沿岸河口，经变态成白色透明的线状"玻璃鳗"，而后逆流而上，奋力向江河上游游去。不久，体色加深变黑，成为"线鳗"。到达淡水生长地后，经生长发育身体体色又转变为褐黄色，又称为"黄色鳗"，直到降河洄游前，体色转银色而成"银色鳗"。

鳗鲡一般在江河底层生活，以小鱼、小虾、水生昆虫为食。

欧洲西部江河里的鳗鲡，踏上了征途后，要漂游过浩瀚的大西洋，来到百慕大群岛南部的深海。这里有较高的水温，适宜的海水咸度，有利于卵的孵化。它们就在深达400米的海里产完了卵，并使它受精后，就逐渐死去。卵子漂浮了一个时期，就变成了幼鱼。

生活在地中海北部亚得里亚海和南部尼罗河口的鳗鲡，也旅行到这个地方去产卵，路程远达四五千公里，真是个惊人的"旅行家"。

北美洲大西洋沿岸的江河里，栖息了一种美洲鳗鲡，形状同欧洲鳗鲡很相似，只是它的脊椎骨要多些。它们的产卵区却靠得很近。

它们都在附近海面觅食生长。美洲鳗长得快，从卵到幼鳗，只需一年；欧洲鳗长得慢，却要三年。美洲鳗离自己的故乡近，而欧洲鳗离自己的故乡是那么遥远。生活的环境和发育的过程安排得真巧妙，幼鳗的成长时期正配合了它们各自的旅行路程。

幼鳗互相告别，各奔东西了。美洲鳗鲡很快回到了北美洲故乡，刚刚一岁；而欧洲鳗鲡还得经历长途的旅行，当它们进入英国的江河时，已满三岁了。以后，它们的踪迹能到达冰岛和挪威，或者地中海的摩洛哥等国家。

幼鳗开始向岸边游泳，密密麻麻的，逆流而上。遇到障碍物时，会克服困难前进，甚至会越过堤堰，在潮湿的陆地上爬行，目的是去寻找那适宜的生活场所。理想的水域找到后，它们就在那里觅食生长。

鳗鲡长大到需要产卵的时候，它们成群结队再次洄游到大西洋去了。鳗鲡的旅程，年年如此，但不同的是，每一次都由新一代开始新的征途。

河边的鼠蟹大战

老鼠一般住在陆地上，而螃蟹则多待在水里面，这两者之间可以说是"井水不犯河水"。不过有一次，人们就曾有幸亲眼目睹了一场激烈的鼠蟹大战。

这场"战争"主要的导火线是争夺食物，地点在一家职工食堂外面的沟渠边上。这家食堂座落在一座小山的山脚下，旁边有一条小河，河中住着不少螃蟹。职工们吃完饭后习惯在沟渠边洗碗，剩下的饭菜也常常随手就倒在渠边。时间一长，这些剩饭剩菜就自然地引来了一群"吃白食"的顾客，老鼠、螃蟹就名列其中。因为老鼠的个头相对其它"顾客"而言显得最大，所以它也就很理所当然地成了其中的"霸主"，其余的弱小者自然对它谦恭礼让。

可是，有一次，不知怎么搞的，为了食物问题，一只小螃蟹竟然斗胆与一只黄鼠争斗了起来。当黄鼠首次进攻螃蟹，试图用嘴咬住它时，螃蟹毫无退却之意，并且抓紧时机牢牢地夹住了黄鼠嘴边的胡须。这下黄鼠可急了，它只好拼命摇头，试图把螃蟹甩掉。可这位"横行武士"的确具有武士的拼搏精神，任凭黄鼠怎样甩它，只是牢夹胡须不放松。最后，螃蟹终于被黄鼠摔到了一边去，可黄鼠却付出了自己的胡须作为代价。

这只黄鼠一直是这群"白食客人"中的霸主，它当然不能忍受这样的惨败，为了挽回尊严，重新树立自己的形象，它将断须弃置一边，稍事调整后又向螃蟹发起了第二次进攻。由于第一回合的胜利，螃蟹似乎增强了不少自信，它清楚地明白自己该怎样做。于是，当黄鼠向它冲过来的时候，它挥舞着大钳奋力抵挡。当黄鼠试图再次咬住它时，它将大钳奋力而准确地戳向黄鼠的嘴，然后用力一夹，这令黄鼠疼痛难忍，因为，这次螃蟹夹住的不是它的断须，而是黄鼠嘴上的皮毛，没有办法，为了摆脱螃蟹的钳制，黄鼠只好再次疯狂大摇头，并且不停地跳上窜下，经过剧烈的摆动后，好不容易才摆脱了这只"可恶"的螃蟹。于是，第二回合又以螃蟹的胜利而结束。

连遭惨败的黄鼠不能清醒地接受这样的事实，它不甘心做一只小螃蟹的"螯下败将"。于是，它别无选择，只有拾起残存的战斗信心，向小螃蟹发起了第三次进攻。这时候，螃蟹似乎也有点力不从心了，但是它仍旧不妥协，它边挥舞着大螯，边看准时机，逐步向河的方向转移阵地，螃蟹的后退逐渐增强了黄鼠的必胜信心，它不辞辛劳地发动攻势，但是可悲的是，对于螃蟹那对厉害的大螯，它不仅束手无策，而且还畏惧几分。所以，尽管黄鼠发动了一次次的进攻，但都不免有虚张声势之嫌。最后，螃蟹终于成功地退到河水里，对此，黄鼠只好"望水兴叹"，不得不停止了追击。

至此，这场鼠蟹大战最终以螃蟹的胜利而告终，可见，生物界中也并不全是弱肉强食，以小胜大也是可能的。

"非洲水廊"刚果河

刚果河位于非洲中部,全长4640公里,在非洲是仅次于尼罗河的第二大河,也是世界巨川之一。多少年来,刚果河那粗犷的风格,那变幻的景色和强劲的威力,不知深深吸引了多少人。1482年,葡萄牙航海家迪奥戈·卡奥率领的探险队沿大西洋非洲的西海岸航行时,在刚果河河口停船登陆,自此欧洲人第一次知道了这条河流。他们还得知河口附近有一个由国王姆瓦尼·刚果统治的由几个小邦组成的刚果王国,河流因流经刚果王国而得名。

刚果河支流密布,有如蛛网,主要有乌班吉河、桑加河、开赛河,洛马米河、阿鲁维米河等。流经的国家有赞比亚、刚果民主共和国、中非共和国、刚果共和国、喀麦隆和安哥拉等国,成为非洲中部的一条蜿蜒曲折的"水廊"。流域面积370万平方公里,居非洲各条河流的首位。年径流量1230立方米,河口平均流量约4万立方米/秒,最大流量达8万立方米/秒,仅次于亚马孙河居世界第二位。刚果河水利资源丰富,水力蕴藏量估计在4亿千瓦以上,为水力发电提供了优越条件。

上游卢阿拉巴河发源于刚果民主共和国加丹高原,最远源为赞比亚的钱贝西河。它从坦噶尼喀湖与马拉维湖间1000多米峻峭的高地上奔流而下,流入姆韦鲁湖后汇合了无数的溪流,与卢阿拉巴河会合。卢阿拉巴河流经刚果民主共和国的高原区,并穿过大片沼泽带,向北流出博约马瀑布后始称刚果河。

刚果河上游卢阿拉巴河的中段,是刚果民主共和国的基伍省所在地,基伍省跨越卢阿拉巴河两岸,境内是一片赤道热带原始森林。在森林中,居住着一个身材矮小的少数民族,人们称之为俾格米人,在扎伊尔也叫班布蒂族、巴特瓦族和尼格利罗人。俾格米人男子平均身高1.2米左右，最高者不超过1.48米，体重不超过40千克，妇女平均身高比男人还要矮10公分左右，因而被称为世界上最矮小的人种。由于他们祖祖辈辈生活在原始森林中，以森林为母亲，把自己比做是森林的儿女，素有森林之子之称。由于长期的森林生活，他们练就了一身独特的本领，虽然身材矮小但行动敏捷，攀缘树木的本领极为高超，听觉、嗅觉十分灵敏，视觉也特别敏锐，能在黑暗中看清远处的目标。他们基本过着狩猎生活，男人们捕获林中飞禽走兽，有百发百中的箭术，即使在黑暗中也能箭无虚发。俾格米人保持生食的习惯，无论男女都把牙齿锉得整整齐齐，原先是为了便于撕嚼兽肉，后来也成为一种美的标志。

刚果河上游穿过赤道后，折向西北，然后折向西南，再次穿过赤道，来到了刚果民主共和国首都金沙萨和刚果共和国首都布拉柴维尔，这一段是刚果河中游。从中游起，刚果河才真正叫刚果河。中游具有平原河流特点，水流平稳，密如蛛网的支流主要在这段注入刚果河。中游河面很宽，达4～10公里，是全河的主要航道。

金沙萨和布拉柴维尔犹如一对明珠点缀在刚果河中游。两个国家的首都，一水之隔，遥遥相望，这在世界上也是一种少见的现象，被人们称为中部非洲两个隔河相望的姊妹国。金沙萨雄峙于河东，布拉柴维尔龙盘在河西，南半球赤道附近的地理位置使这里终年气温较高，雨量丰富。这里的植物四季常青，繁花似锦，所以这两座美丽的热带都城都有花园城市之称。

刚果民主共和国富饶的矿产资源举世闻名，盛产有色金属和稀有金属，工业用钻石、钴、钽的产量均居世界前列，制造核武器的铀、镭等矿物的储量也是世界上罕见的，历来是西方国家的重要的战略资源供应地。美国在第二次世界大战期间制造原子弹的铀几乎全部来自刚果民主共和国，在广岛爆炸的原子弹中的铀就取自刚果民主共和国，所以刚果民主共和国具有"世界原料仓库"的称号。

刚果民主共和国还是一个有着奇秀风光的国家。位于湖光山色的基伍湖北侧有被称为世界地质史上的奇观的星罗棋布的火山，还有遍及全境的急流瀑布和国家公园里的珍禽异兽。

从金沙萨横渡刚果河，只需20分钟，便到了刚果共和国首都布拉柴维尔。进入市内，只见一幢幢住宅都掩映在茂密的椰树、芒果树林中，宽阔的马路两旁，整齐地排列着各式建筑物，商店里货物琳琅满目，处处显得兴旺、繁华。

刚果共和国人口404万，61%的居民从事农业和林业生产。自然资源十分丰富，森林面积约占全国面积的60%，有乌木、红木、胡桃木、铁木、桃花木、里姆勃木等名贵的热带林木，是非洲仅次于加蓬的木材生产国。

从金沙萨向西南到大西洋岸是刚果河的下游段，这一段有30余处险滩、峭壁、瀑布，还有深渊。河口深达300米，宽达11公里。从卢阿拉巴河到大西洋入海处，刚果河成一大弧形，经过崎岖的历程，终于到达了大西洋的巴纳纳，注入大西洋。

万牛齐鸣的尼日尔河

　　尼日尔河是西非最大的河流，也是非洲第三大河。它发源于几内亚佛塔扎隆高原海拔910米的深山丛林中，源头距大西洋仅250公里，却蜿蜒曲折地流经4179公里，滋润着西非210万平方公里的土地，干流流经几内亚、马里、尼日尔、贝宁和尼日利亚王国，最后注入大西洋几内亚湾。

　　尼日尔河中游河套两岸360万公顷的广大地区，河流纵横，大小湖泊星罗棋布，水源充足，土地肥沃，是马里主要农牧区，被称为"活三角"。

　　每年雨季，河水泛滥，三角洲地区成了天然蓄水库，数百公里之遥全成一片汪洋。每年旱季水退之后，青草繁生，是优良牧场。每年河水泛滥之前，三角洲的几百万只牛群要渡河北上，水退之后又渡河南下。那万牛齐鸣结队渡河的景象，实为壮观。

"鳄鱼河"——林波波河

林波波河，发源于南非的约翰内斯堡附近海拔1300米的高地。全长1600公里，是非洲东南部的一条大河，因当地的土著语中，"林波波"是"鳄"的意思，又由于河中鳄鱼很多，因而又叫"鳄鱼河"。

林波波河流经南非、博茨瓦纳和津巴布韦的边界，最后穿越莫桑比克南部地区，注入印度洋，流域面积44万平方公里。林波波河上游由数量众多的溪流组成，其支流多为间歇性河流，河中水量不大，水流平缓。林波波河上游牧草青青，旷野茫茫，栖息着各种各样的野生动物，历来是人们进行探险猎奇的理想之地。林波波河中游穿行在一片山地之中，河道窄，水流急，河中不时出现一些浅滩，河两岸峡谷陡立，谷壁的裂缝中生长着一些奇形怪状的树。中游一段的崇山峻岭之中，林木葱郁，鸟类无数，猴猿活跃，泛舟急流，飘然直下，眨眼便数公里之遥，颇有些"两岸猿声啼不住，轻舟已过万重山"的意境。

林波波河的下游因有尚加内河等支流汇入，河道宽阔，水量浩大、水色蔚蓝，河畔有着漫长而平缓的沙滩。河滩沙细水暖，河面风平浪静，游客们竞相在这里进行日光浴、沙浴和游泳，河滩上彩伞簇簇。人们或静静地躺在沙面上，或驾驶游艇飞驰在河面上，有的人甚至别出心裁地手提录音机，凭借救生圈在河面上欣赏音乐。

林波波河上游北岸的博茨瓦纳，是个视牛为宝的国家，在博茨瓦纳，一个人的财富的多少是同他拥有的牛数成正比的，牛越多，就越富，社会地位就越高。全国人口近100万，90%以上的人口直接或间接依靠养牛为生。牛成了他们的"命根子"。全国拥有近500万头牛，平均每人有5头。其比例之高，居世界首位，素有"牛的国度"之称。

博茨瓦纳人常常把自己的财富以牛的形式储存起来，不论是城里人还是农村人，有钱就买牛，缺钱花就卖牛。上至总统、内阁部长、高级军政官员，下至工人、小职员等，无一不积钱置牛。少者几头、十几头，多者几十头、数百头不等。政府部长、大企业主和商店老板拥有上千头牛是很平常的事情。对牛占有最多者要数那些牧主，他们之中很多人有着上万头牛，有的甚至连数都数不清。

博茨瓦纳人无论庆祝什么节日或举办什么传统仪式，都要宰杀牛，摆设牛肉宴。一些盛大而隆重的庆典活动，要宰杀100头牛，称为百牛宴。

林波波河两岸还曾经是南部非洲灿烂的古代文化的发祥地，至今保存比较完整的大津巴布韦遗址就是典型的代表。

沃尔特河上的"绿色金子"

沃尔特河是西非第二大河，全长1600公里，流域面积近38.85平方公里。它的上源支流穿过萨瓦纳草原进入加纳境内，贯穿加纳全境，在加纳境内长达1100公里，越过甘巴加陡崖和沃尔特盆地，汇入沃尔特河干流，最后在加纳东南部的阿达镇注入几内亚湾。

沃尔特河在加纳境内长达1100公里，流域面积15.8万平方公里，约占全流域面积的40.67%，占加纳总面积的66.23%。因此，加纳一向重视开发利用沃尔特河的水利资源。

加纳位于大西洋几内亚湾中部，沃尔特河贯穿全国。高大的棕榈树在河两岸摇曳，浓密的椰子林发出悦耳的响声。这一切构成了加纳共和国那美丽动人的风光。

1981年，曾出现了一条轰动世界的新闻：加纳黄金总蕴藏量超过20亿盎司，接近南非；如果按年产270万盎司计算，可连续开采740年。加纳盛产黄金，加纳人淘金的历史已有数千年，过去曾被称为"黄金海岸"。

在加纳还有可以同黄金媲美的东西，这就是可可，加纳人称之为"绿色的金子"。

加纳种植可可已有100多年的历史，是举世闻名的可可之乡。漫游在加纳，那大大小小的可可种植园鳞次栉比。走进可可种植园，只见可可树高达3米多，阔叶多枝，排列整齐。可可成熟季节，沉甸甸的可可豆荚，缀满枝头，长22～25厘米，呈圆锤形，有的金黄，有的嫩紫，十分好看。加纳全国可可种植面积约160万公顷，年产可可约30万吨。半个多世纪以来，加纳一直是世界上最大的可可生产国和出口国之一。在加纳，有1/3的人是直接或间接从事可可生产的。据说，世界上的巧克力糖，很大一部分都是用加纳出产的可可制作的。

欧洲的"鸟类天堂"

在6万年以前，多瑙河三角洲地区还是碧波万倾的海湾。由于多瑙河每年挟来大量泥沙，年复一年地在此堆积，形成现在无数的水道，把坐落在它们之间的村庄、渔场、农田巧妙地连接起来，构成一个神奇的世界。

富饶的三角洲，年产芦苇300多万吨，约占世界总产量的1/3。而芦苇全身是宝，如果把三角洲芦苇充分利用，每人每年可得约30千克的人造纤维和10千克以上的纸，所以被罗马尼亚人亲切地称为"沙沙作响的黄金"。

多瑙河三角洲还是鸟类的天堂。这里是欧、亚、非三大洲来自五条道路候鸟的会合地，也是欧洲飞禽和水鸟最多的地方。这里经常聚集着300多种鸟类。各路鸟群在此聚会，形成热闹非凡而又繁华壮观的景象。

三角洲上，由于有奇特的地理现象——浮岛，有名目繁多的植物、鱼类、鸟类和其他动物，所以，科学家们又称它为"欧洲最大的地质、生物实验室"。

江河中的水葫芦

在我国的长江流域及华南各地的水域里，常常可以看到一片宛如地毯铺盖水面的浓绿水草，它具有卵形、倒卵形或肾形的叶，长长的叶柄常膨大呈葫芦状。

每当夏秋季，密集的叶间点缀着串串蓝紫色的花朵，花心里染有黄色斑点，这是一种来自委内瑞拉西部沼泽地的归化植物，俗名叫水葫芦、水浮莲、洋水仙、水生风信子，学名叫凤眼莲，是一种多年生的单子叶植物。

水葫芦具有强大的生命力，至今几乎没有昆虫、病毒和其他天敌能抑制它的生长，繁殖迅速，在江、浙、闽、粤等地，每年三四月开始生长，生长期长达8个月。

每当气温降至5℃左右，水葫芦的叶片枯萎卷缩，而水下的根茎仍然活着，进入"冬眠"。

第二年，当春江水暖，气温升到10℃以上时，水葫芦又重新萌叶长花。

据观察，在温度、水质等适宜的条件，一株水葫芦在8个月内竟能繁殖到6万株，可以覆盖整整0.6亩田。这样惊人的繁殖能力，无怪当它离开原产地，涉足世界各地后，一度给人们带来了灾难。

本世纪初，水葫芦被一位青年传教士发现，也许出于好奇，也许为了观赏，把它带到远离南美洲1600公里外的非洲刚果河畔，绚丽的花朵赢得了旅游者的赞美。

可是，好景不长。没过几年，水葫芦很快蔓延，造成河道堵塞，最终甚至连运粮船也无法通行，迫使当地居民背井离乡，远走他方。

无独有偶，在美国新奥尔良举办的一次世界棉花展览会上，有人把水葫芦的种子作为花籽赠送给参观者。十多年后，佛罗里达州、路易斯安娜州的湖泊、河流被它覆盖，不仅使航道堵塞，也阻碍了排灌水泵的运转，引起了水灾。

接着，巴拿马运河的工程师们也发出警报。倘若不迅速控制水葫芦的繁殖，运河不久将无法通行。

在亚洲，水葫芦30年代乔迁至印度，拉贾斯坦大沙漠的巨型灌溉水渠被毁坏，引起干旱，粮食颗粒无收，3万儿童被夺去了生命，10余万农民挣扎在饥饿线上……刹那间，委内瑞拉的野生水草——水葫芦仿佛成了灾星，到处带来灾害。

人们为了清除水葫芦带来的灾害，一些国家出动飞机、船艇，撒下价值百万美元的除莠剂，企图一举消灭它们。

可是，好景不长。不出半月，水葫芦又顽强地卷土重来，让研制除莠剂的农药专家们伤透了脑筋。

然后，试验意外发现，水葫芦的根茎能吸收和分解除莠剂中的汞、银、磷、苯、酚等有毒物质，调查证实，水葫芦对水域中铅、镉、汞、镍的吸收，为其他植物所望尘莫及。有人计算，种植1公顷水面的水葫芦，每年能净化4吨有机氮和1吨磷农药，这样的净水能力足以处理2000个居民的生活用水。

据美国核处理专家的研究，水葫芦膨大呈球形的叶柄是一个绝妙的净化装置，球形叶柄的纤维网能吸附核电厂排放的放射性废水，污水流经水葫芦的"过滤器"，放射性污染物的强度大幅度削减。因此，在美国三哩岛的核电厂区，修建一个大型的蓄水池，蓄养着水葫芦，借以净化放射性核废水。随着核电的广泛开发利用，水葫芦将是最忠诚的伙伴。

水葫芦不仅能净化污水，而且它含有比青菜、萝卜、菠菜等传统蔬菜更高的蛋白质、脂肪和粗纤维，是优良的青饲料。我国南方各省的水域，年亩产水葫芦可达2.5～4万公斤，可作30～40头猪的青饲料之用。马来西亚等地的土著居民，常以水葫芦的嫩叶和花作蔬菜，供食用，其味清香爽口，并有润肠通便的功效。

近年研究，水葫芦也是一种很好的造纸原料，由于水葫芦资源丰富，生长迅速，采收容易，价格低廉，用它造纸可以降低成本。伦敦英联邦科学委员会曾于1978年提出一项国际性的利用水葫芦计划，并邀请印度、斯里兰卡、孟加拉和马来西亚等国参加，印度主动要求承担造纸的研究。

80年代，印度海得拉巴地区研究所，已用水葫芦的叶片生产出写字纸、广告纸和卡片纸。

据调查，印度至少有400万公顷水面生长着水葫芦，以平均每公顷产50吨计，则为造纸工业提供2亿吨造纸原料，若这2亿吨原料用上一半，成品率按10%计算，则可生产1000万吨纸。

能源问题是当前世界六大危机之一，"绿色能源"的利用是解决能源危机的主攻方向。水葫芦宽大的绿叶，活像一个硕大的太阳灶。据测定，1公顷水面的水葫芦，每天能生产1.8吨的干物质，通过微生物的厌氧发酵，能产生660立方米的沼气，相当于250千克的石油。苏丹政府已开始这方面的试验，他们在白尼罗河上，收割南美的乔迁者，把数以千吨的水葫芦投入消化器，发挥着潜在能源的作用。

水葫芦阻塞航道、破坏灌渠、引起水灾、迫使人们背井离乡的时代已一去不复返，随之而来的是开发、利用这种南美野生水草的崭新时代。

参考书目

《科学家谈二十一世纪》，上海少年儿童出版社，1959年版。

《论地震》，地质出版社，1977年版。

《地球的故事》，上海教育出版社，1982年版。

《博物记趣》，学林出版社，1985年版。

《植物之谜》，文汇出版社，1988年版。

《气候探奇》，上海教育出版社，1989年版。

《亚洲腹地探险11年》，新疆人民出版社，1992年版。

《中国名湖》，文汇出版社，1993年版。

《大自然情思》，海峡文艺出版社，1994年版。

《自然美景随笔》，湖北人民出版社，1994年版。

《世界名水》，长春出版社，1995年版。

《名家笔下的草木虫鱼》，中国国际广播出版社，1995年版。

《名家笔下的风花雪月》，中国国际广播出版社，1995年版。

《中国的自然保护区》，商务印书馆，1995年版。

《沙埋和阗废墟记》，新疆美术摄影出版社，1994年版。

《SOS——地球在呼喊》，中国华侨出版社，1995年版。

《中国的海洋》，商务印书馆，1995年版。

《动物趣话》，东方出版中心，1996年版。

《生态智慧论》，中国社会科学出版社，1996年版。

《万物和谐地球村》，上海科学普及出版社，1996年版。

《濒临失衡的地球》，中央编译出版社，1997年版。

《环境的思想》，中央编译出版社，1997年版。

《绿色经典文库》，吉林人民出版社，1997年版。

《诊断地球》，花城出版社，1997年版。

《罗布泊探秘》，新疆人民出版社，1997年版。

《生态与农业》，浙江教育出版社，1997年版。

《地球的昨天》，海燕出版社，1997年版。

《未来的生存空间》，上海三联书店，1998年版。

《宇宙波澜》，三联书店，1998年版。

《剑桥文丛》，江苏人民出版社，1998年版。

《穿过地平线》，百花文艺出版社，1998年版。

《看风云舒卷》，百花文艺出版社，1998年版。

《达尔文环球旅行记》，黑龙江人民出版社，1998年版。